思维与陷阱

世界远没有我们以为的那么安全，
我们该如何避开隐患

[美] 史蒂夫·卡斯纳（Steve Casner）著
祝常悦　徐天凤　译

CAREFUL:

A User's Guide to
Our Injury-Prone Minds

中信出版集团 | 北京

图书在版编目（CIP）数据

思维与陷阱 /（美）史蒂夫 · 卡斯纳著；祝常悦，徐天凤译 . -- 北京：中信出版社，2019.10（2019.12重印）

书名原文：Careful: A User's Guide to Our Injury-Prone Minds

ISBN 978-7-5217-0365-8

Ⅰ . ①思… Ⅱ . ①史… ②祝… ③徐… Ⅲ . ①思维心理学—通俗读物 Ⅳ . ① B842.5-49

中国版本图书馆 CIP 数据核字（2019）第 063834 号

思维与陷阱

著　　者：[美] 史蒂夫·卡斯纳

译　　者：祝常悦　徐天凤

出版发行：中信出版集团股份有限公司

（北京市朝阳区惠新东街甲 4 号富盛大厦 2 座　邮编　100029）

承 印 者：三河市中晟雅豪印务有限公司

开　　本：880mm × 1230mm　1/32　　印　　张：10.5　　字　　数：200 千字

版　　次：2019 年 10 月第 1 版　　印　　次：2019 年 12 月第 2 次印刷

京权图字：01–2019–0504　　广告经营许可证：京朝工商广字第 8087 号

书　　号：ISBN 978–7–5217–0365–8

定　　价：59.00 元

第一本书献给我的父母。

感谢你们。

目录

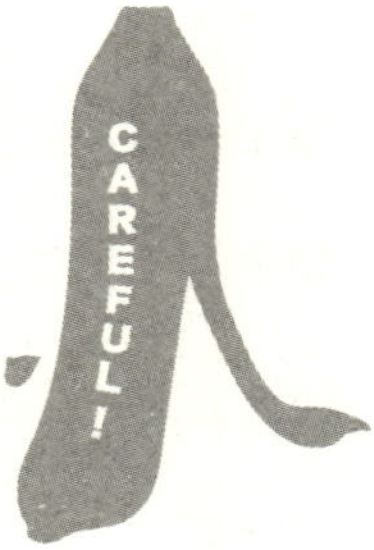

第一章

不安全的世界

20 世纪 60 年代酷夏最暑热难耐的那些日子里，我总是坐在祖父雪佛兰皮卡的露天车厢里，待车子发动后，探出身子，让微风拂过脸颊。我不记得那时卡车的副驾驶座位上是否装配有安全带，但即便有，也从未见大人系过。每次从干洗店取回衣服，我们总是用带回来的塑料袋缠着脑袋跑来跑去。我们通过摆弄化学实验玩具盒当中的原料了解烟花是怎么制造出来的。我看着建筑工人在我头顶上方的工字梁上信步而行，他们都不想让别人从自己的眼神中看出一丝一毫的恐惧。那时，很少有设施会配备防护设备。壁炉没有像样的玻璃外壳。大家都身穿易燃材质的冬衣坐在燃气暖炉前，连贴邮票都是直接用舌头舔一舔来润湿背胶。

以当年的眼光看，我的所作所为并不存在什么安全隐患。若问问我 1918 年出生的祖父，作为目睹了汽车普及的一代人，他也不会觉得有任何不妥之处。那是一个胆子有多大，车速就有多快的年代，酒后驾车司空见惯，行人横穿马路，小孩子也在车流中打闹嬉戏。一位交通史学家解释，当时的行人过马路“仅需向四周草草一瞥[1]，便直接迈步进入车道”，虽然我们不太确定那时这类新奇玩意儿是不是被叫作机动车。更别提那些日日走在百英尺①高工字梁上的建筑工人了，煤矿工人可是年年岁岁轮流到1 000英尺之下的矿井里劳作。那个年代，如果你偏头痛发作，医生可能会对你施以水疗。所谓水疗，在我看来不过就是把电热丝扔进浴缸再起个高级的名字。别担心，他们不会把这一套用在孩子身上的。[2]不过当时海洛因可能会出现在儿童处方里。如果你长了头虱，医生会把汽油浇在你头顶上——那会儿距离第一个挂在墙上的禁烟标识诞生还有好几十年呢。这样说来，20世纪60年代还是孩子的我在雪佛兰皮卡上的所作所为似乎也没什么可大惊小怪的。60年代真是一段美妙的时光啊！当然了，我祖父估计也会对20年代发出相同的感慨。

如今我长大成人，有了自己的工作，而且我的工作内容就是操心人们的安全。大家对昔日时光的记忆似乎都还不错，但当时的安全统计数据实在有些惨不忍睹。倘若我们穿越回1918年，大约20人中就有一个人要准备接受“意外死亡”，这是一种通俗说法，形容意料之外但往往可预防的伤害。鉴于1918年的平均寿命只有52岁，我们可能在意外伤害降临之前就因其他原因而死了。即便如此，20

① 1英尺=0.304 8米。——编者注

个人也足够坐满晚宴上的一张桌子了。大家围坐在一起，琢磨着如果不是我赴黄泉，那下一个倒霉蛋会是谁，想想都毛骨悚然。

针对安全议题的改进并没有拖太久。整个 20 世纪，我们都在想各种各样的办法，多加小心，这个认识已经深入我们的思维、文化甚至法律中。“过马路前观察双向交通状况”很快成为人们踏出人行步道前的条件反射。美国印第安纳州于 1939 年第一个颁布有关醉酒驾驶的法律。1970 年的《职业安全与健康法案》旨在保护雇员免于已知的职业伤害。数年之后，宾夕法尼亚州政府禁止小货车的敞开式后车厢载客。“请置于儿童接触不到的地方”的警示语大大减少了孩子与塑料袋、毒性化学品以及尖锐物品的接触机会。那些曾出现在化学实验玩具盒里面的火药，也噗的一声，一去不复返了。

这些安全提示和建议随着各种安全设备的发明而问世，与产品的安全性能相辅相成。安全带已成为载客机动车的标配，乘车系安全带的做法也广为接纳和执行。今天仍在使用的“下压再旋转”（palm-and-turn）儿童安全药盒诞生于 20 世纪 60 年代末。卡车上的备用无线电寻呼器、泳池边的护栏、烟雾报警器及自动喷淋消防系统、高精度无死角的安全开关、操场上的缓冲地面——好点子一个接一个地诞生。

然而安全理念和真正通过设计体现在产品上的安全性能是两码事。看看图 1 中过去一个世纪以来取得的进展吧。遭受致命伤害的人数显著减少。截至 1992 年，伤害死亡率从 1/20 下降到 1/40——那时我们的寿命也增加了近 25 岁，暴露在伤害威胁中的机会相应也更大。尽管如此，到 1992 年，你已经可以大胆地以工资打包票，欢聚一堂的整个餐桌上无一人死于非命。

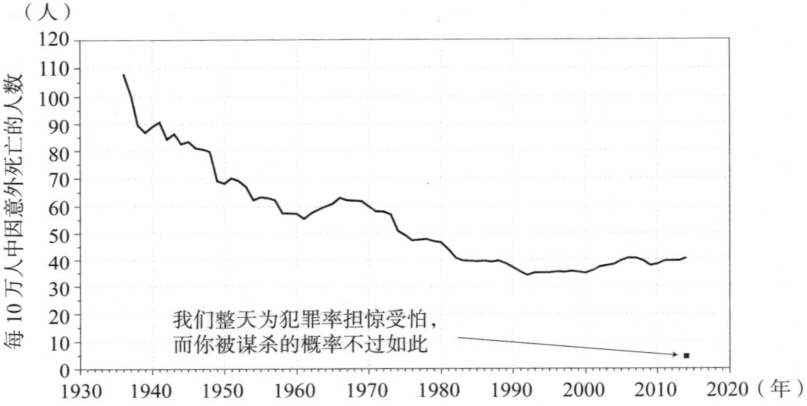

图 1　美国逐年意外死亡人数

现在，让我们来看看图 1 中 1992 年之后发生了什么。死亡率在后续的 8 年里大致维持在同一水准且并无起伏，接着又开始上升。很难断言这种恶化在统计上是否有显著意义，但 30 年之后，我们将会发现，在世纪之交相当长的一段停滞期后，死亡率保持着惊人的增长。今日的安全记录又回到 30 年前的水准，而且我们似乎被困在其中，无力回天。（有关美国同其他国家年意外死亡率的对比请见图 2。）

做到小心谨慎、注意安全在当今似乎比过去更加困难。自 20 世纪 80 年代，各种各样的新玩意儿被发明出来，人类创新的速度不断加快。道路变宽了，车速变快了[3]，智能手机和可穿戴设备的出现让

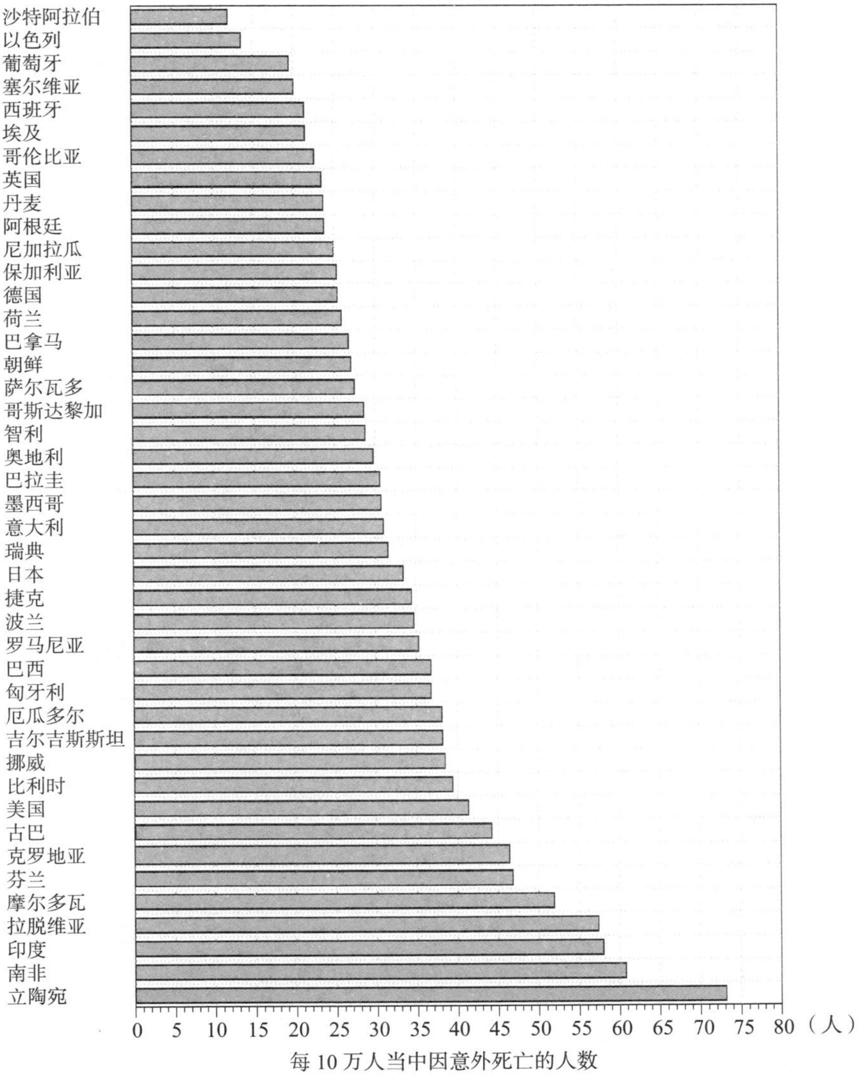

图2 各国意外伤害死亡人数

我们在开着更快的车穿过更宽的马路时手也不闲着。处方和非处方药的数量持续增加，随着这些药物的普及和使用，随之而来的是其副作用以及具危险性的药物相互作用。我们注定要生活在复杂的自动化体系中，只求各种产品都如广告宣传的那样名副其实。至于那些刚刚冒出来的新发明，如纳米技术，还是先搁置一旁吧。没有几个人能弄懂它的原理。我们（用肉眼）甚至根本看不见它。

人类开发出来的部分新活动，其危险程度与过去相比有过之无不及。除了一边开车、走路一边玩智能手机，如今还有攀岩、洞潜、蹦极、跑酷之类的极限运动。据英国跳伞协会的报告，2016 年跳伞活动参与者中的新手比例较 10 年前增加了 50%。[4] 随便拿一条念给你祖父听听，估计他会问你："你是闲着没事干吗？"我们搬进建在地震带上的摩天大楼里。DIY（do-it-yourself，自己动手做）运动正如火如荼，人们再次自己动手做家具、吹玻璃、加固房屋、劈柴生火。还有一点——人们仍然只能活过 47 岁（没错，1900 年美国人的平均寿命就是 47 岁）。即便将寿命延长到 80 岁，以我们的年纪，只会更容易受伤罢了。不难发现，上述这些都让图 1 中的趋势线爬升。

难道是我们对待新事物不够小心吗？大多数情况下我们是小心谨慎的，但方法已经过时了。环顾四周，你会发现我们已经把目光所及之处都装上了安全带和护栏。电视广告、户外广告牌、社交媒体，到处都是安全提示信息。这些提示也确实有效，它们直指问题本身。减速的安全提示针对的是约 30% 与超速有关的致命车祸。"开车时请勿发短信”的标语针对的是超过 1/10 的由于开车分心导致的致命事故。虽然部分提示语确实有效，但图 1 的曲线显示，我们仍在节节败退。

在本书中，我认为上一个好时代已经走到了尽头。我们再也无法通过把每个尖锐的角都包上橡胶垫，告诉孩子“别那么干”来提高安全性了。产品的安全性能再怎么提升，对此类险境也是无济于事的。即便是耐克也造不出一双能自动感应到汽车驶来的智能运动鞋，让人们乖乖留在人行道上，或在人们闯红灯时鸣叫示警。至于那些数不胜数的安全提示、新闻、娱乐节目以及广告早就被铺天盖地的信息淹没了。

下一场安全革命将与我们的思维有关。每时每刻，我们将不得不低头冥思，“你懂的……我一定要加倍小心”。这种小心不同于被教导什么该做什么不该做，以及为什么这样规定安全守则。当更加小心的想法源于自己的思维时，我们并不需要外界的提醒或劝说。那么问题来了，我们要怎么做呢？如何才能由内而外地更加小心呢？这就需要了解一下易碎的“玻璃心”是如何躲开凹凸不平的路面上那些小泥坑的。

易碎的“玻璃心”

当有人受伤或死去，在最初的震惊过后，我们总会禁不住感叹：“他当时到底想什么呢？”这句常常脱口而出的反问，说明如果能弄清楚此人的思维过程，我们必将找出悲惨结果的原因所在。有时，这个推理过程看起来有些离奇甚至出人意料。然而，当我们仔细检视图 1 中的死亡率时，发现思维过程出错绝对不是离奇和偶然事故。我们研究受伤、死亡，以及日常中有惊无险事故的人，试图寻找导致这些事情反复出现的心理。它们并非智力上的缺陷。这些认知缺陷深植于内心，又塑造了人类。这些认知缺陷之于我们就像氪星石之于超人。超人最大的能耐在于他了解氪星石并懂得避而远之。是时候向超人学习，多了解一点我们自己的氪星石了。

认知缺陷究竟体现在哪些方面？本书将给出 6 点解答。

注意力不集中

事事小心、处处留神真的不是人类的强项。尽管有些人可能会想，我们肯定不能一心二用。无论是开车发短信还是边和朋友聊天边留意泳池里的孩子，当我们试着发挥这些神话般的超能力时，很快就会出乱子。每个民航航班都配有两名飞行员、两个航管员，以及两套操控飞行过程的系统。与此同时，世界上让我们分心的事儿还多着呢。

犯错

人人都会犯错，但是我们常常无法接受它们。我们以为只有那些无能的、搞不清自己在干什么的人才会犯错。其实，无论你是菜鸟还是老练的行家，每隔一段时间都会搞砸一次。美国国家航空航天局（NASA）无意中抹去了阿波罗 11 号登月的原始录音。1453 年，只因某人粗心大意没锁好城门，就加速了君士坦丁堡的陷落。[5]1961 年试镜之后，迪卡唱片公司[6]放弃了与甲壳虫乐队（Beatles）合作转而与 Brian Poole and The Tremeloes 乐队签约。面对现实吧，你早晚会做出一个糟糕的投资决定或者对着爱人叫出前任的名字。这都是常有的事情。其诀窍在于意识到这一点，并对此有所准备。

冒险

我们对日常风险的（错误）感知可能让生活一团糟，甚至会在胜算未知的情况下在赌桌上一掷千金。我们对伤害的认识来自天天用远在天边的奇闻逸事娱乐着人类的媒体。这也就是人们坐飞机遭遇气流时会紧握扶手到关节发白，却又像拥有钢筋铁骨一般旁若无人地在马路上横行的原因。最细微之处的改变都会暂时改变我们对风险的看法。

不假思索

我们整天在“自动驾驶仪”上练习操作、精进技能，以达到无须思考就能下意识做出反应的程度。这未尝不是件好事：我们行事得以顺畅和高效。然而，在很多情况下，若能驻足慎思或许会更好。还记得经典动画里邮购火箭滑车的威利狼吗？它实施所有诡计之前似乎从未停下来问问自己：“这真的是个好主意吗？”然而，威利狼的故事并非特例。人们一窝蜂地挤在露台上，却不清楚其载重量。

刚拿到驾照就买摩托飙车。兴冲冲地携家带口去朋友家做客，不曾考虑一下人家能否接待小朋友。这一切问题的原因就出在我们关不掉的“自动驾驶系统”上。

忽略彼此

赶在绿灯变红的瞬间急忙冲过路口，我们是在冒险。如果十字路口两车发生侧撞时正好有孩子在后座上，会发生什么呢？一些心理学家会认为我们无视他人的安危，而且我们到下一个路口还会接着闯红灯，也可能另一名闯红灯的司机会把我们撞翻在地。人们常常没有意识到其实谁都跑不了。

无视建议

我打算把最糟糕的问题留到最后讨论。很多人博学广识，你或许也算其中之一。但当我们试着交换这类信息，即给出或听取劝告时，世界瞬间就变成了一场杰瑞·斯普林格秀。事实上，我们不得不承认，所谓的箴言警句不仅徒劳无用，常常还是冒险行径。人与人之间的信息交换到底是哪里出了问题？

坏事是如何发生的

在对玻璃心有了基本了解后，一切讨论才刚刚开始。即便我们全副武装地身处归零地[①]，想做到小心谨慎仍十分不易。我们究竟错在何处？我们错在细节。每时每刻，我们都得知道半路会杀出个什么样的"程咬金"。真正有用的是站在急诊室门外，问每个坐轮椅的人："你怎么了？"好消息是，你无须这样做，因为研究人员已经替你搞清楚了。我们已经掌握了所有坏事的数据，可以联系每个人的日常生活来讨论。但是我们要说的远不止统计数据，还将谈谈每种情形下究竟是哪些细节让小心谨慎变得如此不容易做到。

让我们举一个例子。假设你站在街角，等着绿灯准备过马路。你左右观望，发现两侧都没有车辆驶来。你有点儿不耐烦了。为何不直接走过去呢？即便你已经读过本书前面的内容，也知道应该小心。你充分考虑了可能的风险，该想的都想过了，这种情况下你有多大概率真的会犯错？事实证明，人们常常会犯错，而且方式层出不穷。假设此时是黄昏时分，汽车开始亮前灯，左侧两排车亮着灯，等待左转，它们对你没有影响。于是你走上人行道。然而右侧的车驶过来，司机还没来得及把车灯打开。你看不见他，他也看不见你，这辆车正以每小时45英里[②]的速度向你驶来。你已经在人行道上了，你们在最后一秒才发现彼此，司机急忙刹车，但一秒钟实在不足以阻止事故的发生。你或许已经留意路况了，但事实上你并不知道究竟要留意什么。你或许深思熟虑了，但不幸错估了风险。你或许猜

① 归零地（ground zero），原意指核弹或导弹的爆炸点，"9·11"事件后引申为美国世贸中心废墟的代称。——译者注

② 1英里=1.609 344千米。——编者注

到了开头，但没有猜中结尾。这也是你需要弄清细节、掌握常识，以理解思维的运作模式的原因。

我们真的更安全了吗

本书的最后一章，我们将严肃地思考，这些（安全措施和忠告）真的能帮助人们摆脱轮椅和停尸房的命运吗？公益宣传片、宣传手册都看过了。很多人都已经行动起来，滔滔不绝地阐述安全理念以及加倍小心对我们来说多么重要。我们很容易想当然地认为，致命伤害率已最大程度下降。然而，随着更多全新又危险的玩具和游戏的问世，或许我们所能做到的最佳程度，不过是保证一切处于合理的可控状态。在接下来的章节里，我希望能说服你们相信，这种理论根本就是胡说八道。差不多就在100年前（20世纪的前10年），许多飞机试飞员都牺牲了生命，而当我们身处万米高空，吃着难吃的飞机餐超音速旅行时，你可曾想到，在过去10年中，美国的空难率几乎为零。但不知为什么，被有机健康食品包围着的我们，死亡率却越来越高。我们是否都尽可能地做到了小心小心再小心？相信我：还有非常大的改进空间！

在过去25年的职业生涯中，我都在努力让空难率降至历史新低。在业余时间里，我亲自测试了身边的每一样工具。我曾不慎从椅子和梯子上跌落。在我手里报废的自行车、摩托车、滑板车不止一辆。我也曾骨折，还遭遇了一场严重的车祸。你也许会想，难道有心理学、医学、计算机科学博士背景的人也不能帮我摆脱困境吗？诚然，这是有帮助的。这些努力让我清楚地认识到为什么这些完全可以避免的糟心事会降临在我头上。问题在于我把最后一步弄错了，我还在不遗余力地用本书知识机械地思考日常工作和生活。这就是最棘手的部分了。

那么，该如何着手避免那些造成死亡的伤害？我得给你泼一盆冷水了：这根本不管用。本书不会鼓吹人财两全的策略。合上书之后也没有封底小测验让你答题赢取安全认证。看看图 1 中的趋势线，请记住受伤人数为什么一年年居高不下，每年的伤亡率前后相差无几。现在，我们再随便找一张反映人类其他想法或行为的趋势图。比如经济发展曲线图或聚酯纤维运动服的普及程度图。这些数据的趋势大同小异，都是某年陡然增高，接着有几年回落，之后再次上涨。至于我们正在讨论的安全问题，涉及某些稳定的（你也可以说是顽固的）思维和行为模式。改变我们对小心谨慎的看法可不是那么容易的。哪怕是最佳安全提示和发明，也不过是让人再多加小心。打破常规开发一种全新的加强安全的模式既不省时也不省力，还有很长的路要走。但是，我们能够让图 1 中的趋势线再次波动起来。这就需要我们反思如何更小心谨慎。这对所有人来说都是一场智力挑战——挑战人类未达完美的理性思维，用稍稍不同的视角审视日益复杂的世界。抬头看看天空吧。此时正有上千架飞机以嘲笑万有引力的姿态腾空而起。我们不过是要把菜刀磨得更快一些，出门去趟商店并毫发无损地回来。这是小菜一碟儿。

我们将以不同的方式了解自己以及我们所处的世界，但愿这会对我们的日常生活有所助益。

这把赌注的风险可不低。仅就美国而言，每秒钟就有不止一人需要救治，其中约 1/6 是 10 岁以下的儿童。美国每天都有 350 人死于本可避免的伤害事故，其中 1/7 是不到 5 岁的孩子。你我早就该孤注一掷了。

第二章

一心多用的妄想

2014 年 5 月，北达科他州高速公路上发生了一场事故。[1] 一名年轻女性因撞上一辆停在路上违章掉头的 SUV（运动型多功能车）而被控过失致人死亡罪。SUV 上一名 89 岁的女性当场死亡。警察判断，事故发生时，肇事车约以每小时 85 英里的速度行驶，而且也没有任何证据表明车祸发生前司机曾踩刹车减速。为了弄清 SUV 为何没有紧急制动的痕迹，警察翻阅了肇事者的手机，发现车祸发生时，她的手机处于使用状态，她的脸书（Facebook）账号也处于登录状态。

这种事屡见不鲜，这种人也常被认定为害群之马，他们鲁莽、没有责任心。回想我边开车边接电话的情形，我一心二用的时候能够避开突然在我前方停下的车辆吗？其实一点儿都不难想象。我估计这种因分心驾驶而引发的事故应该有上千起。数据佐证了我的判断。2014 年，仅在美国本土，每天因为司机不专心而引发追尾的事故就致使 1 181 人受伤。[2]

本章我们将探讨容易让我们受伤或容易伤及他人的第一个认知局限：经常高估集中注意力的能力。自以为能够一心多用，或者全神贯注——至少不会惹麻烦。然而，正如我们接下来将会领教到的，对任何事情而言，做到集中注意力远比想象的要困难得多。

我们无法一心二用

你认为自己能够一边开车一边用智能手机吗？这样做的时候，你觉得能确保万无一失吗？你的眼睛无法同时看两个方向，以此类推，同时思考两件事似乎也是天方夜谭。如果采用来回切换模式呢？你低头瞟一眼手机，再抬头看看路况继续开车。你的注意力在挡风玻璃前方和手机屏幕之间徘徊，当然，你得尽可能少看手机，以免错过瞬息万变的路况。这办法听上去还说得过去，是不是？尽管听起来似乎可行，但如果真的这么做，就等于自掘坟墓。之前的死里逃生不过都是侥幸，并不代表可以高度分散注意力。

这种侥幸心理从何而来？你或许会叫它一心多用，但心理学家称其为任务切换。

无论在做什么，我们都会收集线索预测会发生什么。当前方车辆的刹车灯间歇地亮起时，这种异常其实就是在提示我们，前车司机将刹车，可能会在路面上留下一长串刹车痕迹，还可能说脏话。

你看到一个蹒跚学步的小朋友在水池边晃来晃去，也许一眨眼的工夫就不见了。但是，当我们的注意力需要在不同事情上来回切换时，这些小细节就会被忽视，它们附带的线索也会被忽视。若没有这些预先提示的小细节，当麻烦出现在眼前时，就总显得那么“突如其来”——比如一辆突然窜出来的SUV。

当人们关注两件事时，缺失的可不仅仅是信息。人们会常常因为反应时间不足而丧命。一名惊慌失措的司机真的会等你发完短消息再猛踩刹车吗？当你抬头看的时候，很可能灾难已经发生了。在紧急关头，同时尝试关注几件事，往往会将人们置于所谓生物反应时间的极限——人脑面对某情境理清思绪并做出反应的最短时间。

然而，试图同时关注两项任务所带来的问题远不止于此。当注意力从一项任务（比如用手机）回到另一项任务（比如开车）上时，你以为自己已经“回来了”，此时此刻你全神贯注地盯着路面。不幸的是，事与愿违。当你来回切换任务时，似乎有某种宿醉效应在作祟。注意力并非即时回归的，它需要花点儿时间才能重新开始。犹他大学的戴维·斯特雷耶（David Strayer）致力于研究在开车与使用电子设备之间切换注意力所造成的影响。斯特雷耶的研究发现，司机从一项干扰任务中完全恢复过来需要27秒之多。[3]斯特雷耶的研究还应该考虑到那些偏好在停车等红灯时看手机的司机。“我们发现，（刚切换回来的）前10秒，司机的注意力仍非常不集中，”斯特雷耶说，“即便你已经开过了那个十字路口，还是有可能犯下一些非常骇人的错误。”

那么，注意力的宿醉效应到底是怎么回事？为什么切换注意力就需要将近 30 秒钟？加利福尼亚圣荷西州立大学的心理学教授马克·范塞尔斯特（Mark Van Selst）说明了任务间的注意力切换不是它表现出来的那样，要复杂得多。他指出，两项任务间的切换就好比玩两种接抛球杂技。开车时，我们必须留心驾驶的动作、道路的名称以及身边的车辆。打电话时，我们得知道自己在跟谁说话，聊到什么内容，以及接下来要说什么，更别提使用某个（手机上的）应用程序，以及考虑该按哪个键的时候了。这就是问题所在。这两项任务的细节无法在脑海中并存。与能记住名字、生日以及怎么修水槽的长期记忆不同，当某项活动持续进行，如发短信或驾车时，发挥作用的是一套不同的记忆。这种记忆被称为工作记忆（working memory），能让人们更迅速地调出所需信息，但其存储量也相应更小。工作记忆并不能同时记住两项不同任务的所有细节。当切换任务时，你要把和任务相关的细节从工作记忆中清除，换成另一个任务的，而这需要时间。

范塞尔斯特阐明了为何工作记忆中的细节互换如此耗时。“注意力很顽固。”范塞尔斯特说。据他的解释，即使人们把注意力转移到一项新任务上，之前任务的细节也无法立即被清除，为新任务腾出空间。范塞尔斯特指出，这未尝不是件好事。注意力的顽固性让我们即便在说重要的事情时打了三个喷嚏，又被在场的人关心了一遍之后，依然还能想起来刚刚要说什么。

在两件事之间来回切换注意力，还会导致另一个你大概已经意识到但从没有认真考虑过的问题。如果你曾经做过一道智力题，让你指出两张看似完全一样的图片的一些细微差异，你就会知道这是一项多么艰巨的任务。这些测试题极好地说明了在你先看一张图片，扭头看看别的，再看第一张图片的过程中，你（的大脑）究竟做了些什么。如果你一直都盯着第一张图片看，发现了几处变化，这也就称不上智力测试题了。但当你的注意力不停转移时，想要发现不同之处就变得困难许多。心理学家丹·西蒙斯（Dan Simons）称之为变化盲视（change blindness）[4]，他与同事进行的多次试验证实，人人都有变化盲视的困扰。在一次试验中，西蒙斯实验室的工作人员拦住一个毫不知情的陌生被试，向其问路。在此过程中，一队建筑工人抬着一扇门从他们两人中间穿过。当门横在二人之间时，一名建筑工人悄悄地替换了工作人员。在这个试验中，大多数被试都没有发现问路的人已是另外一个人。我向丹咨询关于父母在水池边照看孩子的问题。“我们认为，儿童溺水这类大事会自动地吸引父母的注意力，”西蒙斯解释道，“但这是种可怕的错觉。”在他最广为人知的试验中，西蒙斯和他的同事克里斯托弗·查布里斯（Christopher Chabris）发现，半数被试都没有察觉到一名装扮成大猩猩的工作人员大摇大摆地从玩球的 6 名被试中间穿过。

我们一点儿都不擅长一心多用。对大多数人而言，像个临时演员一样来回切换注意力着实不易。随便问一屋子的人谁自认为是一心多用的好手，我现在就敢打赌你会看到所有人都得意地举起手来。精神科医生戴维·格林菲尔德（David Greenfield）将这种认为自己能一心二用的执念称为多重作业妄想症。人们对自己能够同时处理两项任务究竟有多盲目自信？比如一边开车一边发短信？宾夕法尼亚伊丽莎白学院的迈克尔·罗伊（Michael Roy）和迈克尔·利尔施（Michael Liersch）主持的调查研究[5]试图弄清这一点。让我们想象一下，开车时，你专注于路况，双手紧握方向盘，发现旁边车道上的司机正飞快地编辑短信，他小心翼翼地把手机压得很低，以防被警察抓到。罗伊和利尔施发现，让这位司机有如此不可饶恕行为的原因，在于他自以为具备独特而超乎常人的技能：可以边开车边发短信。你认为是发短信导致他的判断力下降，进而使他做出罔顾他人安全的行为，但是他会觉得，你之所以没有在开车时发短信，是因为你不具备这样的技能，无法像他一样一心多用。

我们在一心多用方面的自信，不仅限于开车上，我们笃信自己在很多方面都可以多重作业。一项研究显示，企业每年因员工工作被电话、收发电子邮件或应付其他琐事打断而导致的生产损失高达6 500亿美元。我们自以为能够在多项任务间游刃有余，但产能数据告诉我们完全不是这么回事儿。

我们再从另一个角度考虑注意力的局限性。威奇塔州立大学的研究人员最近发表的一项研究指出，我们因开车而分心时，无法好好地发出一则短信。[6]范塞尔斯特一句话总结："一心二用的结果就是一事无成。"

影响注意力的因素

假设我们决心要集中注意力在一件事上，比如路况、小孩或者任何需要我们全神贯注的事情。事实证明，这也同样不易。当我们试图保持专注时，总有些东西会跳出来捣乱。

随时出现的干扰

世界变化多端。即使我们渴望尽全力集中精神，干扰因素就是会不时地跳出来，吸引我们的注意力，如电话铃声、孩子啼哭、东西碎了、警报骤响、旁人打断。而且，这些干扰因素还不像手机那样可以单纯地置之不理，你根本无处可逃。它们铺天盖地而来，让我们手足无措，我们仿佛站在网球场的中央，发球机把一打毛茸茸的黄色网球一股脑儿地砸过来。一场具有里程碑意义的空难开启了有关注意力分散的研究计划，让人们开始寻求应对干扰因素的策略。

1972 年，正当东方航空 401 号航班抵达机场准备着陆时，机组人员注意到提示起落架展开异常的警示灯亮起。[7] 身为一名飞行员，我必须承认，在没有起落架的情况下着陆简直就是一场噩梦。飞机在跑道上滑行，火花四溅，机组人员根本无法控制这个庞然大物在哪里停下来。于是，机组人员开始埋头处理起落架的问题。然而，正当他们的注意力全部集中在起落架上时，机组人员无意中切断了本应在人工检修的同时让飞机保持航行状态的自动飞行系统。飞机的高度开始缓慢而不易察觉地下降，逐渐直逼地面，驾驶舱内的三名机组人员都没有发现。在撞击发生前的几秒内，机长发现了海拔的骤降，喊道："喂，怎么回事儿？"不到10秒钟，这架飞机就坠入佛罗里达大沼泽，机上176人中有101人丧生。

这样的空难可谓空前。如今的飞行员都要遵守一整套干扰来临时管理注意力的守则。你将在下文中看到这些守则。

不自知的神游

独自一人驾车行驶在僻静且一望无际的高速公路上，你是否曾惊觉思绪早已飞到九霄云外去了？别觉得自己是个不合格的司机或者全世界只有你这么干。在最近的一项研究当中，我的同事马特·杨科（Matt Yanko）发现，在开阔道路上开车时，司机会有大把时间用于所谓神游（mind wandering）[8]或任务无关思考。他们为什么会这样做呢？有些心理学家会告诉你，这件事我们无能为力。心理学家乔纳森·斯莫尔伍德（Jonathan Smallwood）和乔纳森·斯库勒（Jonathan Schooler）一直致力于探究思绪不宁这件事。[9]斯莫尔伍德和斯库勒通过试验发现，人人都会神游，而且乐此不疲。哈佛大学进行的一项研究显示，除睡眠外，清醒状态下人们差不多要花一半的时间思考跟眼下毫不相关的事。[10]再强调一遍，此处并不特指自由散漫之人。我同斯库勒合作的研究也发现，没错，即便民航飞行员一心扎在蓝天白云当中，他们还是会神游。[11]斯库勒一针见血地指出，人们常常在不自知的情形下陷入神游。他早期的研究发现，人们在阅读时其实并不知道自己在读什么，眼睛一行一行地扫过文字，而脑袋根本在想别的事情。直到读完之后，人们做斯库勒提供的阅读理解小测验时才发现自己一问三不知。

活在这个危机四伏的世界，你或许会好奇，人类究竟是怎么存活下来的。斯莫尔伍德和斯库勒很快意识到神游亦有用处。神游会让头脑得到稍事休息，也提供了回顾生活点滴的绝好机会。神游的时候，你可以想想晚间休息的时候干点儿什么，或者做些明天孩子放学时谁去接孩子之类被心理学家称为自传式规划的构想。[12] 神游让我们记起已忘却之事，例如预约的明天看牙。针对神游的研究发现，好主意通常都是发呆时想出来的。[13] 被自己的思维弄得迷惑了吧？没有这些思维你才真会不知所措呢。

当然，其代价也是不言而喻的。接二连三的研究表明，无法全心投入几乎会让人搞砸每件事情。最特别的一项调查要数法国的一支研究团队所做的研究，[14] 研究人员在医院急诊室询问那些在车祸当中受伤的司机，车祸发生的刹那，他们是否处于神游状态。一半的受访司机给出了肯定的回答，其中 1/8 的人坦言他们脑子里闪过的尽是些包含“高度破坏性及干扰性的内容”。

更重要的是，无论你盯着什么看，神游和分心一样都会不期而至。走神的时候，我们经历着被心理学家称为知觉分离的过程，此时眼睛和大脑仍各司其职，但彼此间没有沟通。即便你的眼睛盯着某件事物，大脑也不一定会全心全意地处理这个信息。

劳心的注意力

正如无法一直保持将杠铃举过头顶，我们也无法长时间将注意力保持在同一件事情上。心理能量的供给似乎是有限的，无论我们专心致志盯着路面车流还是泳池里的孩子，最终都会感到精疲力竭。这里还要再说一次，别妄想有一个经过千挑万选、训练有素又经验丰富的人会出来帮你。想都别想。这一问题的答案早在20世纪40年代就已经揭晓了。皇家空军发现，即便是最优秀的引航员也会在盯着雷达显示屏的时候，跟丢了潜艇。皇家空军请心理学家诺曼·麦克沃思（Norman Mackworth）帮他们厘清其中缘由。不久，麦克沃思的试验就揭开了谜底，当人们密切关注什么东西的时候，尤其是关注某些平凡无奇的事物时，即便是最专心致志的人也只能保持一小会儿高度集中。麦克沃思发现，我们全神贯注地投入某件事的能力在20~30分钟之后就开始减退。麦克沃思将这一现象命名为警戒衰退[15]。

时至今日，警戒衰退已在许多需要人们保持关注的领域被广泛接受。我刚入行的时候，曾有幸造访世界上最繁忙的空中交通管制台之一——芝加哥奥黑尔机场的塔台。记忆中那是我第一次看到一个睡眼惺忪的航空管制员从雷达室步履蹒跚地走出来，嘴角还叼着一根未点燃的香烟。我问他连续工作多久了，他说25分钟而已。空管员换班如此之快的原因就在于：注意力高度集中会让人们在短时间内身心俱疲。

你要注意什么

即使努力将注意力高度集中在某件事上，也无法保证我们对于什么时候会出问题能了如指掌。保持注意力的难点之一就在于知道要注意什么。英国朴次茅斯大学的研究人员指出，有数年搜救经验的海滩救生员比工作不足一年的海滩救生员甄别出溺水者的概率高 5 倍。[16]研究人员记录了救生员注视的方向以及注视的时长，他们发现，无论年纪、资历，大多数救生员都使用相同的基本搜寻模式。若要说救生员当中的资深者有什么高明之处，那就在于他们能够更敏锐地甄别出水面上那些细微的差异，学界称之为“提取信息的水准之差”。经验丰富的救生员判断险况的思维过程不得而知，他们似乎就是能更容易一眼看透问题出在哪里。

如何更加专注

我们相信大脑中自有一套视觉、听觉和动觉层面的侦察系统在一刻不停地运转。要真是如此，就万事大吉了。但愿读到此处的你已经明白，远没有这么简单。集中注意力绝非易事，但凡我们转个头、打个喷嚏或者走个神的工夫，哪怕老老实实什么都没干，麻烦都会趁机找上门来。我们无法将注意力同时放在两件事情上。我们的注意力也无法长时间集中于同一件事情上，因为我们会疲倦、会神游或者被突如其来的干扰打断思绪。而且，在集中注意力方面，再卓越的天资，再专业的训练，再老到的经验似乎都无济于事。先别急着谢我。因为我确实还有些好消息要告诉你，我们是有办法克服这些弱点的。

承认集中注意力很难

更好、更现实的第一步就是先停止幻想自己能集中注意力，因为我们根本做不到。不信你去问问民航飞行员，他们是否出现过注意力无法集中的问题，大多数人都会坦然说是。航空公司如今都会对飞行员进行“驾驶舱监控”培训。没错，就是成年人（像小朋友一样）上注意力训练课。他们学到的第一课就是了解集中注意力有多么困难，注意力有可能让你浮想联翩，导致状况百出。这些民航飞行员与站在桥头只顾自拍差一步就跌入水中的游客之间最主要的区别，就在于飞行员清楚他们的注意力是有局限性的。

在重要的事上，千万别一心二用

多重作业（multitask）一词于2003年被收录进《牛津英语辞典》。我想问的是：这个词什么时候才能被踢出去？或编者至少能修改一下定义，标明并没有多重作业这回事儿？对一心多用的执念就是大家最大的氪星石之一。

寻求帮助

如果你要在城市的一端看医生，而你家小孩的门诊约在城市的另一头，你该怎么办？你知道自己分身乏术，但可以请一名司机来接小孩。各自分工，问题解决。注意力亦是如此。

1972年佛罗里达大沼泽发生骇人空难之后，民航飞行员也采取了这套方法。让我们再回顾一下起落架警示灯亮起的那个情境。若采用当今的干扰应对术，两名飞行员都会立刻意识到这一机械问题很可能会吸引他们的注意力。如此一来，机组成员将会分出一部分注意力进行分工并决定谁负责什么。机长或许会说他将负责解决起落架的问题，与此同时，请副机长继续驾机航行。宣布这项计划之后，机长会对副机长说“飞机交给你了”之类的话，副机长回答说“看我的吧”。这时候，他们就得很多人同时盯着并负责所有重要的方面。请不要忘记我们实行上述步骤的缘由。因为航空业从业者都明白，人类一心多用的本事糟糕透顶。

那么，你还敢一边照看着在水池边戏水的孩子，一边听朋友聊她的新网友吗？她只看过对方个人主页上的头像，你不得不提醒她前三次网友会面的结局都不尽如人意。看起来似乎可行，但其实不然。你以为自己投入其中了，而事实上并没有。你会看不到警示标志。再次把注意力转回泳池上也需要花更长的时间搞清楚状况。至少得花上些许工夫，你才能完全反应过来，但在水池边陪孩子的时候，根本没时间让你反应。你需要请别人帮忙照看小孩。关注儿童安全的全球儿童安全组织[17]网站上有“水域监看”卡，家长可以轮流看护水池里的孩子，就像白金汉宫门前的卫兵换岗或驾驶舱内飞行员换班一样。谁拿着卡片谁就得负责专心看好小孩。

确定优先级

有些时候，身边没有其他人可以求助，一切都得自己应付。飞行员都谙熟的一项技能，用老话说就是“凡事有轻重缓急”。这涉及优先处理某些事情，把其他事情推后。我们总是先做最重要的事情，让不那么要紧的等一等。以航空业为例，可以采用一套简单的优先排序方案：“飞行第一，导航第二，沟通第三。”这意味着首先要保证飞机飞起来。当一切尽在掌控时，才能做另外两件事情。但是，难道导航不重要吗？当然，这是第二要紧的事情。一旦飞机失去控制，没人能管得了它是坠落在爱达荷州的东部还是怀俄明州的西部。总而言之，先保证飞机在空中飞，别让它掉到任何地方。当你被要求同时做两件事时，要敢于承认你无能为力。先选一件来做，再做另一件。你该听朋友的故事还是顾好水池边的孩子？这由你决定。不过只能择其一，可别贪多。

注意力要用在刀刃上

生活并非时刻都处在紧急关头。相比之下，有些事情更值得投入注意力。这些乌鸦嘴的心理学家并没有说人们无法集中注意力，而是说人们无法每时每刻对每件事都集中注意力。那么，为何不在最关键的时刻把注意力放在最重要的事情上呢？接下来的问题就是，何时最关键？什么事最重要？答案将会因时因事而异，这也将是本书后半部分要详细探究的。

这就是现实。集中注意力？别逗了，人们不擅长这个。那怎么保证我们一天到晚都安然无恙？我们开始认识到一心多用是妄想，甚至在被某些干扰打断之前，对同一件事情都无法长时间保持专注，我们会疲劳，或者干脆放空神游。我们必须调动身边一切资源，比如请别人来帮忙。还要预料到坏事会在何时、何地降临，并准确无误地关注它。对干扰因素的警惕也是必要的，还得有一套计划应对其引发的不良后果。对于人类注意力的局限性，丹·西蒙斯似乎并不太担心。他也认为了解人类怎么克服这种局限性更为重要，“真正的危险在于对自我局限的误判”。

现在，来看看让我们倒在不幸事件枪口下的第二项认知局限吧。事实证明，即便百分之百地专注于眼前，我们还是有可能把事情搞砸。

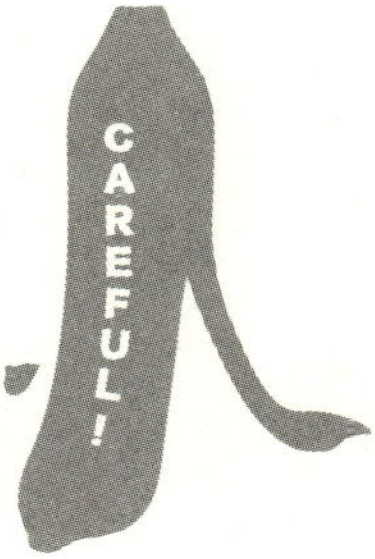

第三章

人人都会犯错

1964 年 10 月 25 日，橄榄球全明星选拔赛中，防守队员吉姆·马歇尔（Jim Marshall）抓住了对手旧金山 49 人队的一次失误。马歇尔是以“紫色食人魔”著称的明尼苏达维京人队的防守队员，后来两度打进明星碗、四次晋级超级碗。马歇尔以迅雷不及掩耳之势救起球狂奔。在跑向达阵区的途中，他曾三次转头回望，发现 49 人队的队员在徒劳地追赶他。马歇尔的速度和体格都是公认的一流，对手很难从后面追上他，总得试试吧，但等对手跑到那儿，他早就没影儿了。

但是，由于一个不同寻常的原因，49 人队在这场比赛中还是有些希望的：马歇尔跑反了。包括电台的体育评论员在内的几乎所有人都发现马歇尔正一路狂奔向己方的达阵区。每个人都注意到了，除了马歇尔。队友纷纷以百米冲刺的速度追在马歇尔身后。只要球还在马歇尔手里，队友能及时追上他，就还来得及扭转乾坤。然而，马歇尔坚信胜利就在眼前，他一跑入己方的达阵区就立刻掷球，替对手赢了两分的安全得分。

一个如此有天赋、见多识广、经验丰富的人怎么会出现这样的失误？就像我们已经知道的，你是新手、专家或介于两者之间的任何水准都无所谓。没有一个人能做到绝对不会把事情弄糟。

本章中，我们要讨论第二个认知局限：让我们犯错的认知局限。训练、增进技能和积累经验或许能在一定程度上挽回某些犯下的错误，但无法杜绝犯错。先把那些偶发的糗事、口误和失态放在一边。我们将学会如何在任何情形下都骄傲地宣布，我们在一天中可能会犯下一些错误，但我们会把事情做完，然后安然无恙地度过这一天。

倒错：在擅长的领域犯错

说话和走路这类事，我们都相当擅长吧？但你是不是也曾有过舌头打结的经历，发错某个词的音，或者把两个音节弄混了，比如把“fight the liar”（痛打骗子）说成“light the fire”（火烧裤子）？你是否曾在平整的人行道上被绊倒过？心理学家将这些错误称为倒错。倒错会发生在那些人们之前已经做了千万次，早已烂熟于心的事情上，比如说话、走路或跑向触手可及的桂冠。你可能会好奇，人为何还会在这些终其一生都在做的事情上犯错。然而，太过得心应手恰恰就是人们会出现倒错的主要原因之一。

掌握某件事并多次练习之后，人便会具有自动节律性。一项技能不再需要更多意识层面的思考和持续地投入注意力来执行时，就会进入自动化阶段，即成为下意识的反应。自动节律性让我们熟能生巧，做事更高效也更省力。自动节律性让我们看起来像个轻车熟路的老手。初学者还在摸索说明书的时候，行家一拽拉绳就启动了链锯机。人们纷纷叫好，又对屡试屡败但越挫越勇的可怜虫报以同情。然而，事实证明，那种看起来驾轻就熟的专家式表现，仿佛不用过脑子似的，正是滋生错误的温床。

拿菜刀、活络扳手或仅仅是走在人行道上的时候，人都会发生倒错，这还只是些简单的动作。人类倒错的表现似乎涉及方方面面，即使最按部就班的日常操作也难逃其魔掌。心理学家唐·诺曼（Don Norman）和詹姆斯·里森（James Reason）收集了数百个倒错的案例，并将它们分类。[1] 比如，一名学生慢跑完回家，脱掉汗津津的上衣，转手就扔进了马桶。人们有时候会把两个动作混在一起，像是把牛奶放进柜子，把麦片放入冰箱之类的。丢三落四是人们常犯的另一种错误，比如将锅放在炉子上时，丢了些通心粉进去，却因为忘了加水而锅里冒烟或发生火灾。有时候人们还会在本来竭力避开的事情上出现倒错，不想做反而做了。你是不是曾绘声绘色地跟别人描述一场充满惊喜的生日聚会，但就是忘了说谁是寿星？

通过培训、演练和积累经验来避免这类错误，听起来很有吸引力，可惜想法太天真了。如果前面橄榄球比赛的例子还不够有说服力，那么请试想要是倒错发生在驾驶着客机的飞行员身上，结果会如何？在降落的途中，机长在副机长耳边低语："减速，襟翼 15（度）。"这项指令意在让副机长放下起落架的手柄，并且将襟翼手杆固定在 15 度的位置。但此时，起落架展开之后，副机长没有握住襟翼手柄，而是拉起了二号引擎的燃油杆。于是，不像你在降落时常见的那样，襟翼会从机翼后面伸出来，这一操作直接关掉了飞机的右侧引擎。在飞行途中，在数千英尺的高空之上载着上百名乘客，你知道当一台发动机喷射出 2.5 万磅[①]的推力而另一台的推力为 0 时，意味着什么吗？飞机将会侧翻并螺旋坠地。副机长很快意识到了他的失误，并迅速把燃油杆切换到开的状态。机组成员都屏息凝神地等待引擎重启并恢复稳定运行。这架飞机的进场姿态、速度和路径都一切如常。它安然无恙地降落了，客舱内甚至无人知晓这段小插曲。整个事件中无人渎职。就像你说话时舌头会不听使唤，煮通心粉时会忘记加水一样，这些倒错就是会出现在人们能够全力掌握的事情上。

关于飞行失误，最有意思的地方在于，人们设计出来的复杂机械恰恰放大了倒错的后果。2.5 万年前，如果某人不慎错拿了一根树枝而不是一根香蕉，别人会嘲笑他，因为树枝填不饱肚子。换到今天，香蕉就相当于这架飞机上的襟翼手柄，树枝就是切断喷气式发动机的燃油杆，座舱内的上百名乘客无一人会觉得把这两样弄混有什么可笑的。

---

① 1 磅 =0.453 6 公斤。——编者注

不要忘了还有记忆方面的倒错。我们都知道，我们对昨日、几个月前或者数年之前事件的记忆不怎么牢靠。若没有定期激活，记忆便会逐渐消退，这是正常现象。我们本就该握住眼前的东西，其他的就随风去吧。然而，不断给我们带来麻烦的记忆倒错是心理学家所称的前瞻性记忆（prospective memory）[2]：试图记住将来要做的事。历经几十年的研究，心理学家发现人们并不擅长前瞻性记忆。典型的心理试验会要求被试记住在指定时间做某事。不必说，大多数人都忘得一干二净。因此，工作人员试图给被试一些提示。如果我提醒你说，记得10分钟之后给你的医生打电话，怎么样？这个提前10分钟的提示有多大概率能让你按时拿起听筒？研究证明，10分钟提醒收效甚微。我们在“记忆未来”方面的问题根深蒂固。但是，如果给你提前5分钟的提示又会如何呢？如果提前1分钟呢？可能也无济于事。哪怕仅提前几秒钟，还是有很多被试记不住。是的，人类卓越非凡的头脑就是会迅速地转向下一件事而把前一件事忘得干干净净。每天都有司机在红灯前刹车不及时，把车向后倒几英尺，却忘记换回前进挡。绿灯一亮，他们又一脚油门踩下去，随着一声巨响，前车结结实实地和后车撞在了一起。

接下来的章节我们将讨论，在使用工具、厨具，照看孩子，服用药物，开车与过马路的过程中会出现哪些五花八门的倒错。尽管没人做得到杜绝失误，但我们还是可以学习如何避免受其所害。在此之前，先来看看另一种我们易犯的错误。

失策：一知半解的时候会犯错

1999 年秋天之后，似乎全世界都在买互联网行业的股票，我也觉得是时候加入其中了。于是，我在一只股票上一口气砸了 4 000 美元，于我而言这绝对是一笔巨资，我确信自己很快就能坐进私人飞机的驾驶舱了。结果我投的这家公司半年后就倒闭了，最终我的股票价值还不到 100 美元。现在回想起来，事实上我当初对投资完全没有概念，因此，这个错误也不同于之前谈到的倒错。我并没有因为在取信的路上失足滑倒而丢了一张 4 000 美元的支票（倒真希望如此），也没有填错支票。整个错误都是我自己犯下的，也正是我不遗余力地让它持续下去。心理学家将这类错误命名为失策，完美地展现了它的愚蠢。

不同于熟练产生的倒错，失策通常源于对即将要做之事的一知半解。失策的后果往往比倒错要严重得多。失策可能会酿成大祸。当你拿起一把崭新的火药钉枪，发现每个部件都一目了然的时候，你决定立即开枪；当你萌生出要投资一只股票的念头，却没有向任何人咨询过这是不是个好主意的时候，多半就会失策。

在自己搞不清状况但假设有其他人懂行的情况下，人也会失策。我们后面会介绍病人可能会误服中毒剂量的药物，因为拿药给他们的专业人士身着白大褂且胸前挂着名牌。司机会跟着 GPS（全球定位系统）导航仪的指示把车开下悬崖。约瑟夫·哈里南（Joseph Hallinan）的著作《错觉》（*Why We Make Mistakes*）中讲述了一群自称治安维持会会员的人袭击南威尔士州一名儿科医生住宅及诊所的故事。这名专业的儿童治疗师究竟做了什么招致如此对待？原来，那群治安员受到误导，把 pediatrician（儿科医生）和 pedophile（恋童癖者）两个词弄混了，他们还以为自己维持了正义呢。

大家总倾向于把失策归因于愚蠢。反驳这个理论实在太容易了。在一项针对门萨协会（Mensa，唯有智商测验分数达到天才级的人才获准加入的俱乐部）[3] 成员的调查中，一名研究人员发现，居然有 44% 的成员相信占星术，51% 的人相信生理节律①，另有 56% 的成员称他们相信有外星人曾造访地球。迄今为止，无论占星术还是生理节律都尚未得到任何科学证据的证实，但这似乎还不足以说服半数天才。诺贝尔物理学奖得主默里·盖尔–曼（Murray Gell-Mann）在其著作《夸克与美洲豹》（*The Quark and the Jaguar*）中讲述了他和同事翻山越岭进入火山口湖的经历。他们发现了一个早上登山时没有见过的码头。两个人宁愿相信码头是当天稍早些时候刚刚建起来的，也不愿想一下是不是走错了路（事实上他们就是走错路了）。别忘了，这些人可不光是天才，而且是超级天才。

有关伤害的统计数据反映出，在许多情况下，即使人们确信明了自己的所作所为，还是会犯一些低级却常常难以察觉的错误。当吉姆·马歇尔误入己方达阵区后，他还是有机会掉头往回跑的。那颗球并非不小心脱手落地的，分明是被他主动扔出去的。

---

① 生理节律，发端于 19 世纪，延续到 20 世纪初，其研究以观察法为主，旨在描述人类的身体、情感及智力的假想周期。

我们不想承认自己犯错

问题并不仅仅是倒错和失策，当犯错时，我们还羞于接纳错误并吸取教训。毕竟，犯错挺令人难堪的。

我们对错误的反应似乎完全取决于犯错的人是谁。当别人犯错时，我们总会埋怨他们，嘲笑他们，呵斥他们，炒他们的鱿鱼，或者将其痛批一顿后再扫地出门，而非试图从错误中汲取哪怕一丝教训。我们常常幸灾乐祸，把这些错误当成茶余饭后的八卦。有些人倾尽笔墨调侃别人犯下的错，仅为找乐子。

当我们自己犯错时，一切都不同了。当我们犯错时，我们会佯装未发现、不予理睬、矢口否认，即便承认“错误确实发生了”，也会怪罪到别人身上，或干脆扔到一边视而不见。凯瑟琳·舒尔茨（Kathryn Schulz）在《我们为什么会犯错》（*Being Wrong*）一书中写道：“作为文明人类的我们，甚至连‘我错了’三个字都不会说。”最接近的替代语莫过于“我错了，但是……”，可之后“我们会给出一堆天花乱坠的借口，来解释为什么错误并非出在自己身上”。而且，我们越自以为是，自尊心就越强，就越容易为自己搞砸的事情辩护。[4] 这使得我们最梦寐以求的学习和进步大受阻碍。

如何发现、减少和补救错误

人非圣贤，孰能无过。不论你是谁，能力多么强，经验多么丰富，抑或多么训练有素，有时候你还是会把事情搞砸，谁也无力回天。那现在该怎么办呢？

接纳：人人都会犯错

我们都没有变成大傻瓜。若一定要说有什么变化，就是我们比过去更好了。然而，我们依旧还是人，犯错是人之本性。一旦我们接受人人都会犯错，偶尔还“故意”把事情搞砸的设定，情况便会好得多。下个错误没准儿正在转角处等着你呢。有关犯错的感悟，我最喜欢一名飞行员的话，他在亚特兰大机场降错了滑行道。接到塔台的呼叫后，这名飞行员冲着麦克风嚷道：“我几乎每隔两三分钟就犯错误……我不喜欢你的态度。”诚然，他有点太暴躁了，但是他的自我意识相当令人敬佩。

减少犯错的方法

尽管我们无法杜绝犯错，但可以试着减少它们发生的概率。之前讨论过的一些错误，其实常常是能够被我们避免的。

提醒被视为一种有效地避免遗忘的手段。我长期服用一种处方药。过去我总是忘记在晨间服药。如今，随着年龄的增长，这个问题变得越来越严重。现在我甚至连 10 分钟之后要做或不要做的事情都记不住了。于是，我试着这么做：每晚睡前刷牙时，我把药瓶放在置物架最靠前的位置。早上服药后，我再把药瓶放到架子的最里面。现在，如果我不确定早上有没有吃过药，只要打开置物架的柜门，看看药瓶是不是待在最里面就知道了。我也犯过等红灯时挂倒挡的错误。现在，我倒车之后会提醒自己："现在挂的是倒挡。"并且我的手一刻也不离开换挡杆，直到换回前进挡为止。因为我知道要是不用这套方法，这种错误还是会一犯再犯。

检查清单是另一种提醒方式——一种避免跳步或次序混乱的绝招。因为检查清单众所周知的对抗日常性倒错的有效性，它被强制写入飞行员守则，并已实行多年。现今，它已被扩展到某些医疗专业的操作当中。[5]

提醒系统的终极版被设计大师唐·诺曼称为强制功能（forcing function），即日语中的错误校对（poka-yoke）。强制功能让犯错无可乘之机。如果你不想在开车上班的路上才想起来忘记带文件，可以提前把车钥匙放在那个文件夹的上面。

请养成简化一切的习惯。复杂的计划总是环环相扣的，前一步的完成度决定着下一步怎么走，而且会被别人的所作所为影响，最终会酿成悲剧还是沦为笑柄都只在一念之间。在后面的章节中，我们将看到，医生开完的处方笺常常要经10多名医护人员的手才能真正被交到病人手里。这样便有10倍的概率导致人为错误，如此看来，医疗事故频发也就不足为怪了。任何事情但凡涉及个人安危，听上去很复杂的时候，你就要琢磨有没有简单一点儿的办法。[6]

少犯错误就更难了。这通常要求你储备一些能够帮你发现思维误区的知识。坐飞机的时候你会全程系着安全带吗？[7]很难理解为什么要这样做，一旦坠机，那根小布条真的能救命吗？它甚至连肩带都没有。但是，不系腰式安全带犯的一个典型错误就是忘记了一种情况——飞机遇到气流后颠簸。这种情况可能会莫名其妙地突然出现，有时候还会相当严重。我们每年都会看到只要系紧安全带就能避免的前肢和脊柱受伤的例子。正如我们稍后会讲到的，一旦空难发生，安全带确实能救命。避免犯与安全相关错误的办法，是更深入地了解思维的脆弱性以及世界的运作机制。

发现你犯的错误

对抗错误的下一道防线是抓住并解决它们，或至少在失控之前及时发现它们。我们在这方面做得如何？詹姆斯·里森回顾了几个错误检测率的研究，发现在日常表现中，人们能够娴熟地捕捉到自身约 85% 的倒错。这相当不错了，但还是存在着 15% 的问题，那都是较难被发现的错误。当我们犯这些错误的时候，可能还自我感觉良好呢。因此，我们往往需要花些时间，或请别人帮忙指出这些错误。

或许是旁观者清的缘故。那位说自己每隔两三分钟就犯一次错的飞行员并非个例。这本书一直都在告诉你飞机驾驶舱里人们犯错的频率何其惊人。这就是要配置两名飞行员的原因，一人负责“操控飞行”，一人负责“监控飞行”，也可以说，一名飞行员“负责”犯错误，另一名“负责”发现这些错误。效果如何呢？过去 10 年中，美国有近一亿旅客乘坐民航飞机出行，致人罹难的空难事故仅有一次。

另一个发现错误的好办法，就是了解什么时候最容易犯错。你现在已经知道想要记住未来将做之事多么不易。当有人提醒你一小时之后的安排，你的脑海里就定了一个闹钟。试几次你就会发现，问题不在于遗忘，而在于时机。

补救错误

现在你知道，人们做出像是切胡萝卜或前后脚走路这种人类已经相当娴熟的动作时常会发生倒错。每年都有人切菜时切到手指，因走路走得太靠边而误入机动车道，和轿车、卡车、巴士车来一次亲密接触。这些事情给人们的教训是，倒错和失策应该是应急备案的一部分，哪怕你只是在做煮饭或散步这样简单的活动。你将会了解到如何预见意外的发生，并在灾难降临前避免它出现。我在美国国家宇航局工作时的同事埃弗里特·帕尔默（Everett Palmer）喜欢用容错度来形容犯错是可接受的，只要届时你有弥补错误的备案这一概念。在后面的一章中，我们将了解到，用锋利的菜刀切胡萝卜时，与其一刀剁下去，不如刀口贴着胡萝卜的边缘切。胡萝卜的边缘又有什么呢？像你的四根指尖这样重要的东西吗？如果是的，那么或许我们应该把指头蜷起来。这样，当日常性的倒错发生时，就不会酿成大祸。

连吉姆·马歇尔都知道怎么保持在容错度以内。在他有名的过失事件之前，马歇尔一击擒杀了 49 人队的一名四分卫，橄榄球就宛如香槟的瓶塞一样从对方手里飞了出去。马歇尔退出球坛后，“紫色食人魔”依然后继有人，又上演了一次触地球让对方得分。在之前领先 7 分的情况下，马歇尔的 2 分失误让他们还有 5 分的优势。而且，马歇尔和队友最终还是以 27:22 获胜。马歇尔并没有犯错。他恰恰向我们证明了怎么做是对的。

一旦你习惯于考虑偶然的犯错，很多事情就将安全无虞——即使乍一看，这似乎是一种疯狂而危险的想法。当然，你或许想画出一条泾渭分明的线。有些东西看起来实在太危险了，犯错的可能性实在太大了。但是，我们如何才能给那些看起来还不错、高效又有吸引力的东西更多机会，并看清优劣？这对我们来说，谈何容易？

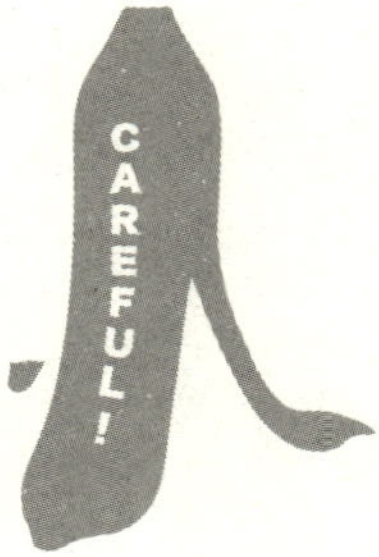

第四章

被低估的风险

1991 年的圣诞节，佛罗里达州的一家报纸报道了一名 45 岁的女性于两天前在一场空难中丧生的消息。[1] 这名女士是拥有认证资格的飞行员，一直在资深飞行教练员、本机机主的陪同下驾驶这架小飞机。官方的空难调查报告称："我们目前认为飞机曾经历了空中解体，而且一些证据显示，坠机前机身是以盘旋姿态下降的。"

机舱里坐着两名合格飞行员的证词，让专攻产品缺陷诉讼的代理律师为之一振，准备大干一场。但是，空难调查仍在继续。检查了坠机现场之后，调查人员推断两名飞行员都没有系安全带或者安全绳。更奇怪的是，两名罹难者被发现时都衣不蔽体。钝力将衣物撕破的情况并不常见，调查人员也找不到任何证据来支持这种解释。死者的拉链和皮带都没有被撕扯或摧毁的痕迹，仿佛两名飞行员的衣服早在坠机前就被脱掉了。调查人员还发现，教练员的座椅完全处于后仰的状态。

本章我们将讨论让我们暴露在意外伤害之中的第三个认知局限：不正确地看待风险。冒险是藏在我们心底的小恶魔。冒险让我们能够成就前人未竟之业，而且冒险给这个过程增添了一丝趣味。哪怕你生性保守谨慎，也要铭记冒险是不可取的。为了避险，就得待在家里足不出户？其实在家反而更容易受伤，所以你已经在冒最大的风险了。保障安全的关键在于了解我们对风险的态度，以及我们是固执己见还是会有所转变，甚至对最聪明、最老练、憧憬最多又圆滑世故的人来说也是如此。

为什么我们会陷入理应能避开的险境？心理学界已经找出了几种原因：

- 对风险的无知
- 心存侥幸
- 寻求短暂疯狂
- 被情绪左右
- 效仿他人
- 收益大于风险

对风险一无所知[2]

那么，一边开飞机一边做爱的概率到底有多大？之后还能活着到处显摆的人又有多少？接下来我将让你收集自己的调查数据。每次跟开小飞机的人聊天时，都请打听一下他们是否加入过空中高潮俱乐部。问过之后你就会发现，这项活动其实比你想象的要普遍得多。事实上，有些飞行员听到这种问题会觉得你实在太天真。此番调查之后，你将会发现，很多人都侥幸成功了。事实上，对风险的判断并没有看上去那么简单。

我们遭遇车祸的概率又是多大呢？在海里游泳时溺水的概率呢？一项又一项的研究表明，哪怕是日常活动，我们也对这些数字毫无概念。在另一项研究中，被试被要求判断哪种情形相较之下更加危险，选项包括车祸、火灾、枪击和龙卷风。研究再一次证实，人们身陷数据的旋涡中，而且大部分数据还是错误的。然而，我们每天都面对着有关风险的决策。那么，如果不参考真实的数据，还能凭借什么做出决策呢？

假设某人邀请我和我的小女儿周末去划船。首先，我得调出脑子里所有与划船相关的印象。激流勇进，白浪拍崖，宛如鲤鱼跳龙门一样惊险刺激。这么一想，“我才不去呢，门儿都没有”。但是，如果我脑海里浮现的是另一幅景象：静谧的清晨，在河塘里划着小船，周围几只鸭子静静地游来游去。我对划船的看法可能会大相径庭。这到底是怎么回事儿？在缺乏事实基础的情况下，人们会参考一些特定案例中已知的内容，来决定到底要不要冒险。当我要决定该不该带女儿去划船的时候，究竟有哪些相关的安全事项是我必须了解的？一条都没有！迄今为止，生活中随处可见这样的例子。我试着做出明智之举，但我了解的信息远远不够。

那么，我们从哪里才能了解到有关日常风险的知识呢？大部分来自日常生活的积累，有些也来源于书本和舆论，当然还有电视媒介的传播。新闻节目要报道能吸引受众的故事。[3] 人们辛苦一天，回家窝在沙发上，真的会想听新闻主播滔滔不绝地讲人们有多大概率从屋顶上摔下来吗？当然不会。人从屋顶上摔下来的画面才足以吸引他们。抛开统计数据不谈，通过对电视新闻报道的分析，我们才知道我们听到的尽是偏见。惊悚上电视，见血上头条。这就是父母对人贩子、匪徒和恐怖袭击诚惶诚恐，却在美国（平均）每天都有一名儿童溺水的情况下，放心大胆、悠然自得地读书看报，偶尔瞥一眼在泳池里玩的孩子。

单纯依靠背诵安全须知的另一个隐患在于，我们对风险的了解仅限于某种特定情境。人们的记忆力有个怪毛病，罕见而不寻常的故事总是最让人记忆犹新。当回想起某项冒险活动的骇人后果时，我们更倾向于立刻逃开，哪怕这种后果真正降临的可能性微乎其微。“9·11”事件之后，航空运输量一下子跌至历史新低。[4] 人们宁愿开车也不想乘飞机。毕竟，鉴于刚刚发生的噩梦，飞行实在太恐怖了。而可悲的事实是，在交通事故中死亡的人数远远高于乘民航客机死于空难的人数（在 2001 年，除“9·11”事件外，美国仅发生了一起坠机事故）。

那么，在划船过程中受伤的概率究竟是多少呢？[5] 一项研究发现，每天玩激流勇进的人有 1/3 的概率要去急诊室报到。[6] 统计资料显示，只要你不喝酒，就能稳稳当当地和鸭子一起在波光中荡漾。但是，由于闯红灯，横穿马路，没戴防护镜，让年迈的父母多次上下楼梯，让孩子在没有救生员的海域游泳，或者服用某种新型药物，你承担了多少风险，你想过吗？你现在或许还不知道，但你绝对需要知道。读完本书之后，你会知道的。

“倒霉的肯定不是我”

即使我们设法取得了真实数据，还是会陷入另一个问题。基于某些原因，我们总倾向于认为别人比自己更容易身陷险境。开创了积极心理学这一领域的里克·斯奈德（Rick Snyder）提出了一个有趣的概念，这是一种刀枪不入的无敌“心理防卫机制”（psychological protective process），[7] 即人们会歪曲事实，认为倒霉的总是别人而不太可能是自己。从过马路、开车到要不要采取避孕措施，这种效应在人们日常参与的各种活动中都屡见不鲜。

关于我们为何会低估风险，其中一种解释认为，我们倾向于高估自己应对一切的能力。[8] 在美国，小型巴士 5 年内的报废率是 65%。这意味着，每生产 100 辆巴士，5 年后，只有 35 辆依然跑在路上。然而，当询问厂家，他们的新产品在交通事故中幸存的概率有多大时，其中 81% 的人会说七成甚至更高，且有 33% 的厂家会告诉你他们从未失手。我们都是乐天派。我们觉得自己厉害着呢。

此时，我们恰恰是搬起石头砸了自己的脚。当飞行教练眼看着一个自信过头的学员走进门，而且此人通常身家不菲时，便恨不能立刻找个地缝钻进去，祈求其他教练收下这个麻烦鬼。开飞机可不是演电影——有胆量就够了。谦虚谨慎才是飞行员活命的法宝。带着一个自命不凡的学员上天，就得把“斗胆一试”换成“冒死前行”，但幸运女神并不眷顾我们。我还记得数年前在一家航空公司参加的一场会议。当每个人进行自我介绍的时候，一家航空公司的经理提到他有过开军用飞机的经验。另一名与会的飞行员兴奋地插嘴说：“啊，你就是蓝天使（Blue Angels，美国海军特技飞行队——他们的飞行表演着实激动人心）的领飞。”那位经理纠正道：“不，是军事飞行。”在航空领域，这种谦逊的态度往往与渐逝的年华相伴。而衰老，将是我们稍后会讨论到的另一个风险。

类似地，我们也容易忽略某些小概率的风险。你慌慌张张地闯红灯、横穿马路，还祈祷没有车突然冲出来撞上你。不可否认的是，在任何情况下，这种可能性并不太大。不过，多亏了医学研究在不断延长人类的寿命，现在我们终于过上了一辈子能活 2 万多天的日子。让我们假设闯红灯过马路就像掷骰子，每天 6 次，你觉得第几次会“中奖”？当你必须一而再、再而三地面对小概率风险时，风险也就难以忽略不计了。

正如小概率风险常常被忽略一样，我们对短期风险也总是视而不见。有多少次，都快爬到梯子顶格了，才发现就是还有那么几英寸[①]怎么都够不着？接下来，瞄一眼梯子最上面的一级，尽管上面清清楚楚地写着：“别踩。”但他们会想，“不要小题大做，就踩几

[①] 1 英寸 =2.54 厘米。——编者注

秒钟……”

面对风险时，有些人总涌上一股莫名其妙的自信。身处早高峰时段的旧金山城区，我眼看着一名20岁出头的男子抢在交通灯变红前几秒钟冲过路口。这在市区很常见，但他并没有开车，而是踩着一辆滑板车。他的脸从侧面看上去从容自得。他没有确认左右方是否可能有轿车、卡车或巴士朝他驶来，也一点没有表现出担心、焦虑、慌张、战战兢兢、心不在焉或任何其他情绪。他看起来似乎平静又专注。

寻求短暂疯狂的冒险家

研究发现，与女性相比，男性更不在意风险。[9] 例如，男性对饮酒、吸毒、吸烟的风险性评估比女性低10%～15%。男性也明显更容易在推杯换盏、飘飘欲仙和吞云吐雾之中命丧黄泉。女性系安全带的概率更高[10]，而男性死于车祸的概率几乎是女性的3倍之多，虽然一些人笃信自己的驾驶技术绝对高过女性。[11] 与此同时，男性对自己的智力和魅力都深信不疑[12]，尤其是在小酌几杯之后[13]。

另一个对冒险行为蠢蠢欲动又不免令人担忧的群体就是青少年。研究人员决定探究一下年轻和冒险活动之间的可怕联系。冒险行为与大脑发育之间有着千丝万缕的联系。[14] 也就是说，疯狂行事似乎是年轻人成长过程中的天性使然。脑科学研究人员开始将青少年的冒险倾向同他们的创造力及心智的正向发展建立联系。[15] 一份发表在《天才儿童季刊》上的经典研究发现，15% 的在押少年犯智商测试分数高居所有孩子中的前 3%。[16] 你有孩子吗？身为父母，你要做的就是让孩子安然无恙地待在铁窗的另一边。

有些人天生就是冒险家。我们称这种人是拥有感觉寻求倾向[17]的人。心理学家马尔温 · 朱克曼（Marvin Zuckerman）长期致力于探究这种令人着迷的作死特质。相比于不那么作死的同伴，高感觉追求者会明显低估危险行为潜在的风险。别人感觉更危险的事情，正是他们眼里的乐趣源泉。

在朱克曼的早期研究中，他将被试置于一个感觉剥夺情境中，观察他们，通过被试表现出的坐立不安的频率，甄别出谁有感觉寻求倾向。诚然，要求那些喜欢在屋顶之间跳来跳去玩跑酷的人一动不动地乖乖躺着确实强人所难。几年之后，朱克曼和他在特拉华大学的同事开发出感觉寻求倾向量表（sensation seeking scale, SSS），能更容易地评估人们对寻求惊险刺激多么热衷。这个量表反映了人们对某些“不寻常的感受和经验”“相见恨晚的非主流生活方式”“参加狂欢派对，性生活放荡不羁与喝到不醉不归”的向往程度，以及多么容易感到无聊。

朱克曼发现，男性在这些性格特质上的平均得分都高于女性。朱克曼的研究还表明，感觉寻求倾向具有高度的遗传性。因此，如果上面的描述让你想起了自己的年少时光，就要小心你的孩子了。一旦他们真的成了高感觉寻求者，就为时已晚。

被情绪左右

很多因素都可能短暂地影响我们面对风险时的认知和行为。时间压力就是个很好的例子。你是否有过这样的经验，和朋友开车去一个你根本就不知道在哪儿的地方。途中，朋友打算抢在黄灯闪烁时一脚油门冲过去。当你们抵达路口时，信号灯的颜色已经变暗，甚至情况可能更糟。此时此刻，你正面临着一项冒险的抉择，且需要花点时间好好琢磨琢磨。你可能会根据脑海里冒出来的第一个念头做决定：要么担心到不了目的地而被困在车上，要么害怕被其他方向的来车撞翻。

情绪会诱使我们做一些平时通常不会做的事。心理学家用热认知（hot cognition）这个词描述我们在被烦躁、愤怒、压力、焦虑、厌恶、蔑视、无聊、恐惧和沮丧等情绪影响时进行的思考和行动。上述这些情绪会让我们身陷窘境：无论你在开车、泡吧还是在约会。研究表明，闯红灯，强行变道，性伴侣不专一又不戴避孕套的行为都和这些情绪有关。不久前，美国高速公路保险协会一项关于车祸的研究表明，如果主场球队输了比赛或与对方打成平手，球赛散场后体育场周边的交通事故发生率会增长将近 9%。[18]

比利时学者布拉姆·范登伯格（Bram Van Den Bergh）发表在《消费者研究期刊》上的试验阐明了比基尼效应[19]。他请一组男性被试来摸胸罩。在试验中，尽管这些胸罩下面并没有丰满的乳房，但范登伯格发现，男性被试摸着这些胸罩的时候还是倾向于享受当下。

他认为，当被唤起的性欲无法即刻得到满足时，这些被试会寻求其他形式的及时行乐。作者还补充说，“先前针对女性被试的研究并没有观察到类似的效应”。

保罗·斯洛维克（Paul Slovic）团队的研究显示，诸如恐惧之类的情绪影响着我们看待风险的态度。[20] 显然，如果让你暴露在等量的核电厂或 X 射线机辐射之下，我恐怕会离核电厂远远的，而对于 X 射线机可能就还好。或者说，即便你对两类辐射都小心翼翼，但 X 射线机不过是把骨头变成一根荧光棒，可疑的核电站只会把人吓跑。

效仿他人

如果你驾车沿着 Logmill 路至华盛顿特区的西郊，将会驶上一条曾被称为尖叫坡的路段。Logmill 路可双向通行却未划分车道，它不但蜿蜒曲折，还有一个能让极限摩托爱好者一展身手的大斜坡。“尖叫坡”即得名于这一路段的特征，最终竟发展成一个正式的运动项目——“坡顶跳车”。车在越过坡顶那一刻保持着极快的速度，司机体验着滞空的快感，对高坡的另一侧一无所知，接下来无论发生什么都只能听天由命了。不用说，等着他们的是粉身碎骨。当地政府出资削平了这个路段，如今“尖叫坡”已不复存在。

我们总是将自己想象成独立的决策者，觉得自己闷头做出的选择总是上上策。而在实际生活中，当我们思考时，更像置身于一张相互连接的心智网络，而非只是一群人各想各的。试想你独自走进一家餐厅，你会浏览一下菜单，点一些看上去还不错的食物。但这次试想你和朋友结伴走进餐厅，不一会儿，大家要么分享自己看上的菜品，要么互相询问要点什么。人和人在一起就总忍不住会被别人牵着鼻子走。没办法，我们骨子里就是这样。

天普大学的马戈·加德纳（Margo Gardner）与劳伦斯·斯坦伯格（Laurence Steinberg）所进行的一项研究揭示，有同侪相伴时，我们心甘情愿做事的概率高得出奇。[21] 冒险似乎在两个不同层面上与团体归属感息息相关。和同侪在一起时，我们不仅更容易被他人怂恿做些冒险之事，而且也有机会在团体中逞一番英雄。加德纳与斯坦伯格发现，这类行为在各个年龄层都存在，只是在青少年和年轻人当中表现得尤为明显。在后面的章节中，我们会看到这种行为发展到极致的样子：青少年开车的时候往往也会玩手机、喝酒。

人们很容易认为，我们若能多花点儿时间独处和自省，就会更加安全。不妨回想一下 Logmill 路的例子。并非所有人都会周周不落地聚在“尖叫坡”上看“坡顶跳车”表演。所谓好事不出门，坏事传千里。根本没必要亲临现场感受这种刺激，因为它早就以文化的形式永恒地留存在我们的长期记忆当中了。无论当初是谁目睹了“尖叫坡”上的表演，此处被封为“坡顶跳车”胜地的消息很快就会不胫而走，一传十，十传百。

还是那句话，不要以为只有小孩子之间才会有仿效他人的疯狂之举。2004 年，两名地方航空公司的飞行员驾驶（未载客的）飞机前往另一个城市，为第二天的飞行做准备。途中，当两名飞行员决定找找刺激让飞机冲到 41 000 英尺（内行人士称飞行高度层 410）的时候，突遇引擎双发停车，飞机坠毁于密苏里的杰斐逊城近郊。事故调查人员从这家航空公司的其他飞行员口中了解到，“410 俱乐部”[22]是一个非正式飞行员组织，其会员热衷于在诸如此类未载客的航程中测试飞机的爬升极限。

不过，社交和文化压力也不总会造成负面影响。外科医生兼著名作家阿图·葛文德（Atul Gawande）在《新英格兰医学杂志》上撰文指出，眼疾的罹患率在中东驻军当中与日俱增。阳光刺眼、风沙漫天、弹片横飞，眼睛中招的概率可想而知。令人费解的是，尽管军方为这些身处异国沙场上的士兵提供了昂贵的护目设备，但佩戴设备的士兵寥寥无几。最终，某个对文化心理与冒险行为有深刻理解的专业人士给出了解决问题的办法。军方不再使用政府统一配发的护目镜，转而选择更具动感、更有个性的运动眼镜[23]。军中眼疾的发病率直线下降。现在的问题已经不是怎么敦促士兵戴防护眼镜了，他们根本就不愿摘下来，恨不得时时刻刻戴着。果然只要选对了方法，压力也能瞬间变动力。

收益大于风险

甜头很重要。当我们进行风险评估时，值不值得放手一搏常常取决于回报的多少。[24] 保罗·斯洛维克收集了大量人们对各项日常活动的风险和收益的评估数据。例如，人们往往对神经毒气谈之色变，危险因子高达60分，接近恐惧清单的中位水平。关于神经毒气的益处，人们只给了7分。当然，谁都不想天天和瓦斯为伴。但是，当斯洛维克的研究团队请被试评估驾车的风险时，人们也打出了和神经毒气不相上下的55分。这表明，司机对其所承担的风险心知肚明。然而，开车的好处也不言而喻，收益因子有76分之高。开车过程中的风险与其带来的巨大便利（方便上班、载货、走亲访友等）相比似乎不值一提，也使得驾车出行越来越普遍。

当人们试图用一个风险–收益等式这种简单粗暴的数理逻辑来考量风险时，问题也随之出现了。试想某人喜欢在高速路上飙车。如果让他驾驶一辆配有新型安全设备的汽车，而且这些设备也确实能够增强安全性能，如此一来想让此人开慢一点是不是就难上加难了呢？他会不会因此更加毫无顾忌呢？我们不能因噎废食。但这的确是一个理性权衡的过程，而且后果很可能不容乐观。此处涉及一个备受争议的理论，我们称之为风险均衡[25]。该理论的提出者杰拉尔德·怀尔德（Gerald Wilde）将其解释为：安全感多一点，人们的冒险意愿也会增加一分，使得总体安全水准保持不变。这并不意味着增进安全的发明就多此一举了，因为这些发明切实地在为人们的安全保驾护航。

自怀尔德的第一本著作问世以来，研究人员一直在人类的各种行为中寻找印证风险均衡的案例。有人发现，加装了防抱死制动装置、安全带和安全气囊之后，危险驾驶行为反而层出不穷。这种现象也在滑雪、跳伞和性行为当中屡次出现。伦敦大学的一项研究挑选了 4 个（年均）“意外死亡人数”不同的国家，比较了风险率和死亡率，并调查了民众的冒险倾向。不出所料，生活环境相对安全的人更愿意冒险。[26]从这项研究中不难看出，用安全来换取乐趣和动力，可能不光是大胆者的行为。这些思维模式潜移默化地成为我们的一部分。

如何正视和应对风险

那么问题来了，对知觉和风险分析相当不在行的我们如何自保？让我们再复习一遍之前提到的几个问题吧。

改善的第一步是直面风险——忘记电视新闻里播报的受伤、车祸和死亡人数吧，是时候着眼于真实的数据资料了。本书的后半部分将带领我们通过每天的日常活动，揭示出最接近事实的伤亡数字，让我们的注意力不再只围着耸人听闻的报道转。你的家人或亲友中是否有上了年纪，需要人照料的长辈？后面的内容或将让你意识到，老年人意外跌倒的问题远比你印象中的严重得多。呈现在你面前的并非几个模棱两可的相关案例，而是一组急速上涨的伤亡数字。还在担心房檐上歹徒的枪口吗？还是多关心一下你家泳池的排水管道吧。设计不良的排水系统更具杀伤力，而且这种“人祸”永远也不会出现在好莱坞的动作片里。

改变人们对风险的认知更是难上加难。我个人的诀窍是谨记美国国家运输安全委员会主席德博拉·赫斯曼（Deborah Hersman）曾讲给我的一则逸事。赫斯曼某日在自家车库里引发了一起“交通事故”，她一不留神踩到一只小孩丢在地板上的旱冰鞋。你以为由美国总统提名、国会任命的国家运输安全委员会主席肇事就有免死金牌了？想得美。

前面谈到了人类对风险的感知是多么容易受到各种因素的影响。如今，我们已知判断力非常脆弱，将对偏见之下做出的决定进行反思当作自保的秘诀之一。放任天性，追求刺激真的是个好主意吗？我们真的只会随波逐流、人云亦云吗？我们会被情绪左右吗？会因为疲倦而丧失判断力吗？或者，仅凭一副胸罩就缴械投降？无论你相信与否，你绝对有能力克服这些暂时的干扰，进而力挽狂澜。两位社会心理学家利用电话访谈调查人们的生活质量。[27]研究发现，受访者的回答竟然与天气有关。那些接电话时正享受阳光明媚好天气的人，相较于那些接电话时遇上坏天气的人，更倾向于给出正面的反馈。但当研究人员指出这一心理陷阱时，受访者会重新评估他们当下的心情与生活质量，从而给出更客观的答案。

同样地，避免同侪压力，让理性重掌大局也并非天方夜谭。好莱坞特技演员吉尔·布朗（Jill Brown）曾向我和盘托出：“人们总会在派对上起哄，让我表演坠梯或者坠楼。我总是回他们一个白眼。没人付我优渥的片酬，谁会闲着没事摔下楼梯解闷儿？”

冒险之外的其他因素

让我们重新审视一下本章开头的那场空难，看看能否运用我们刚学到的方法理清案发时的可能状况。尽管任何空难事故都无法复原全部的真相，但至少人类风险认知领域的新发现让我们得以分析这些不幸事件。

其实很难断言这两名飞行员对险情的评估有误。飞行员对这类活动的危险心知肚明，但他们也想当然地认为危险不会发生在自己身上。

这难道是侥幸心理在作怪吗？其中一名飞行员可是执照齐全的教练员。身为飞行教练员，其任务就是负责在学员操作失误或出现意外时化险为夷。正如教练员之间常说的玩笑话，即便是已经受训一年，甚至两年以上的资深学员还是相当有可能“让我们陪葬蓝天”。驾驶舱内不是不能犯错，恰恰相反，飞行教练员要担负起训练过程中的排险重任，让学员能够从中吸取教训，成长得更快。

一向稳健、果敢的人的判断力就不会受到短暂的干扰吗？这两名飞行员是否因太过沉浸于片刻的刺激和欢愉而忘形了呢？这恐怕不难想象。

空中高潮俱乐部的大名如今已是公开的秘密。入会的飞行员和乘客都引以为傲，乐在其中。《只有你想不到，没有我们飞不到》是《今日美国》上我最欣赏的报道之一，文章披露了某些专营这类业务的航空公司。

若不出意外事故，这笔高风险生意的利润将远超其成本。因此，除了冒险之外，说不定还有其他因素在作怪。

思维模拟

单引擎飞机的性能相对稳定，可预测性强，容错率也高。操纵杆对飞行状态的控制直接且一目了然。双引擎飞机则完全不一样。左侧引擎会不遗余力地试图让机身向右侧翻转，致使飞机以螺旋形冲向地面，让观看飞行表演的人群爆发出阵阵惊呼。飞机为什么不会一头栽下来呢？因为右侧引擎自然不甘示弱，会朝着相反的方向施力。当两架引擎都运转正常时，机身就能够保持平稳。如此一来，与单引擎飞机上简单地增减油门不同，应付一对儿“双胞胎”时，只操纵其中一架引擎的油杆会立刻招致灭顶之灾。这时候，双引擎飞机便突然开启了飞行特技模式，根本停不下来。一旦我发现自己在驾驶双引擎飞机时走神了，脑海里瞬间便会闪过一系列可能随之而来的灾难。我仿佛看见飞机失控，自己惊慌失措地推拉操纵杆。还是学员的时候，我就在训练过程中多次身陷险境。当了教员之后，我也数次在危急时刻救了其他学员的性命。我觉得信心满满且几乎随时待命。正是所有这些尚在可控范围内的训练培养了我随机应变的能力，让我时刻准备着。而当我面对一架晕头转向的双引擎飞机时，一旦分心，就不知所措了。当我想到这些与飞行无关的事情时，它们似乎被保存到另一个时间和地点了。

我刚刚所做的就是驻足观察，用思维模拟下一步，试图想象事态会怎么发展，以及如果情况恶化，我能做何补救。诚然，这次空难已经发生，再好的思维模拟也只是马后炮。能在坏事发生前就这样想，才是真正的挑战。

第五章

未雨绸缪

2003 年 2 月 20 日，美国罗得岛州一家拥挤的俱乐部里，乐队主唱为了追求炫酷的舞台效果，在表演第一首曲目时点燃了烟火。然而乐队成员并不知道，为了应对周围邻居对噪声太大的投诉，这家俱乐部在舞台四周安装了许多隔音泡沫板，这种材质是极度易燃的！瞬间火花四溅，点燃了周围的泡沫板，引发火灾。由于俱乐部并未安装自动喷水灭火装置，火焰和烟雾很快蔓延整栋大楼。短短几分钟之内，俱乐部的大部分空间已被熊熊大火和浓烟吞噬。按消防员对火灾的评级，此时火灾已达到无法挽救的程度：这意味着当人处于这种环境中时，生还的概率已极低。

大火迅速地消耗着大楼里的氧气，楼内充满了浓厚且有毒的烟雾。观众、工作人员和演出嘉宾四下逃散，俱乐部内有将近 440 人，求生通道却只有 4 个。一半以上的人选择了俱乐部的正门，那是进来时的入口，也是他们唯一知道的出口。遗憾的是，他们当中只有127人成功逃出。62人眼见从拥挤慌乱的正门出去无望，便折回并找到了另外的通道逃出来了。由于太多的人挤在同一个出口，导致狭窄的走廊被堵死，哪怕救援人员尽全力疏散和营救，还是有31人在这里丧生。还有58人完全没找到出口，葬身于火海之中。一些观众很幸运，着火时恰好在另外的房间，通过其他的出口得以逃生。还有少数几个站在舞台附近的人，设法从舞台旁边的一扇门跑了出去。现在还剩下一个出口，然而可惜的是，如此重要的一条求生通道，却仅有几个人使用了它。

这个鲜为人知的紧急出口位于俱乐部厨房的后面。知道并从这里逃生出来的人当中，有两个人是在大楼里工作的员工：一个是俱乐部的音响师，另一个是酒吧的调酒师。事实证明，这两名员工在这里工作了一段时间后，便考虑了日后万一遇到紧急情况该如何求生的问题。这场大火发生时，他们都使用了厨房后这个鲜有人知的紧急通道，还带领其他人一起从这里快速地逃出。音响师事后在接受采访时说："我之前就留意到这个出口，并意识到假使某天这栋大楼有人进来持枪扫射或是遇到大火，它会是我的救命通道，因为很少有人会注意到它。"有一位从此门逃出的幸存者是这家俱乐部的常客，来这里有15~20次。他在某一次经过厨房时，恰巧从推开的门缝间看到了里面有紧急出口的标志。这次大火发生时，他第一时间想到并朝这里跑。还有一位顾客，同样因为来过俱乐部很多次并熟知这个出口，火灾发生时才得以带领他的朋友一起从这里逃出。他在事后的证词中说："我们跑到一半时，周围都充满了浓烟，完全看不到前面的路。我不得不摸索着墙壁，凭借记忆来寻找那个出口。"很幸运，他因为对这里足够熟悉，才在黑暗中找到了这扇求生之门。

这场火灾[1]的事后调查表明，当晚在场的440人当中，仅有19人使用了这个位于厨房后的紧急出口。

在大多数情况下，无论做什么事，我们都应该在开始前先想想可能出现的结果，即做到未雨绸缪。上述悲剧中，因为少数人并没有事先考虑自己行为的后果，导致很多人为此失去了生命。与此同时，因为那几名员工和顾客做到事前多想一步，才得以挽救自己和他人的生命。未雨绸缪是一件重要且意义深远的事。然而很可惜，它却经常被我们忽略。这里，我们将了解人类的第四个认知局限。

系统一和系统二

回忆自己去听演唱会的经历，若是我走进一家俱乐部欣赏喜爱的乐队表演，第一时间想到的一定是找到最佳位置欣赏表演。还记得在1984年一场超级火爆的演唱会上，我找到了一个距离舞台无比近的位置，近到甚至挥挥手就能接到乐队成员的汗水。我从未想过万一发生紧急情况该从哪里逃出，或者现场的布置是否有安全隐患这类问题。因此，罗得岛州大火带来的惨痛结果久久萦绕在我脑海中。它让我意识到，或许我从前没出过意外纯属运气好，或是要依赖那些能做到事前多想一步，并在危机时愿意伸出援手的人。然而遗憾的是，我们不仅在演唱会这种拥挤的场合才忘记事前多想一步的重要性。在炎炎夏日，若前方出现一汪清泉，很多人会不加考虑地冲过去，而不会先想想接近它是否安全：平静的水面下很可能暗流涌动，危机四伏！[2]又比如我们新买了一辆自行车或者摩托车，很少有人能认真看完说明书，搞清楚注意事项和安全须知后再骑。为什么我们总是这样急于开始行动，而做不到先想清楚再行动呢？

心理学家丹尼尔·卡尼曼（Daniel Kahneman）就这种现象给出了答案：在日常生活中，每个人都同时拥有两个截然不同的思考系统，即系统一和系统二。[3]系统一的特点是快。它源于直觉。快速做出判断，通常源于累积多年的经历和经验。它就像人生的自动驾驶仪，需要速度。系统一帮助我们迅速而轻松地做出决定。比如我们正在一个火爆的乐队演出现场，系统一会指引我们占据离舞台最近的位置。与之相反，系统二的特点是慢。它从不会直接给出结论。它更谨慎，通常要深思熟虑，也更尽职尽责。系统二会先考虑潜在的风险、可替换方案和各种可能出现的结果，然后再给出答案。如果我们到达演唱会现场时使用系统二进行思考，那么它会引导我们先观察周围的环境，确认好紧急出口，然后再决定我们在哪个位置欣赏表演。卡尼曼认为，毫无疑问，人们还是更喜欢并倾向于使用系统一。因为它快速又简单，还很有趣。当然了，估计你去父母家和他们交谈的时候，就会感到系统二还是有用武之地的。然而人们在绝大多数的情况下无法抗拒使用系统一的诱惑。心理学家指出，我们喜爱这种快速、无脑的决策方式的倾向根植于人类的进化基因当中。出于如下几个原因，要想先静下来想清楚再行动是件非常艰难的事。

日常琐事用系统一就够了

让我们回想下自己今天从早上到现在为止都做了什么。你会发现，多数时候我们基本无须用脑。起床，晃悠到厨房冲一杯咖啡，再走出来，然后便一屁股坐到电脑前。系统一是处理以上这些日常活动的绝佳方式。多伦多大学的心理学家基思·斯塔诺维奇（Keith Stanovich）把这种日常生活琐事类比成洗衣服。[4]你在洗衣服前，肯定不会开个战略会议，或者认真做个图表来分析。做这类事时，你根本不需要动脑思考，只需付诸行动。所以，即使我们是最谨慎的事先规划者，需要时时刻刻使用系统二来保持警惕吗？没错，并不需要。日常生活不是刺激的惊险电影，危险也并非潜藏在生活的每个角落，它时时刻刻都会出现。然而，确实有一些时候，我们需要在行动前先停下来想一想。那么如何分辨出这样的时刻呢？

识别危险信号

许多时候，危险降临时会有明显的信号提示。着火前会有烟雾冒出。暴风雨将至时天空会变得阴暗，还会刮大风。饥饿的鲨鱼最明显的特征是将鱼鳍露出水面。如果游泳者在海里看到这种情况，一定要马上游回岸边。我们需要注意这些异常信号的出现，并多加小心。

但有些时候，危险会隐藏起来，就如布在暗处的陷阱。斯塔诺维奇将这种情况称为“危机暗藏的环境”，指的是危险出现前毫无征兆，人的大脑处于自动驾驶状态，无法事先提高警惕。敌对环境的案例有哪些？前文中提到的罗得岛州的俱乐部发生的火灾就是一个形象的例子。或者你开车穿过一个街区时，突然两个小孩飞奔出来横穿马路。抑或你拿到了一瓶处方药，却不知道瓶子里的药物是不是和标签上所写的一致。现在，如果我能在这些事情发生前事先提醒你一下呢？你一定会提前警惕起来。

有些时候，危险信号会巧妙地隐藏起来，这就需要我们事先停下来，仔细寻找和甄别。设想一下你正以每小时 45 英里的速度在开车，经过十字路口的红绿灯时看到的是绿灯。系统一会对你说：“是绿灯，可以走。”但假设现在有一辆大卡车停在你旁边的左转道上，司机停在十字路口要左转。这辆卡车挡住了你观察前方左侧车道的视线，你想知道那条道上是否有要左转的车（如果有，它就会穿过你的直行路线）。因为看不见，你无法判断那里是否有车，而且如果有的话，因为卡车的遮挡，对方也看不到你这辆直行的车。或许没有，或许有，司机会停车等待并确认安全了再走。但他也可能会忽视，直接开到你前面。以上这些是系统二为你做的分析。

如果周围环境没有给出明显的警示，我们就要依靠自己的识别能力去判断何时该关闭头脑中的自动驾驶系统，未雨绸缪。这并不是一种与生俱来的能力。斯塔诺维奇把这种情况通过一道题巧妙地展示出来：

> 杰克看着安妮，但安妮看着乔治；
>
> 杰克结婚了，但乔治并没有；
>
> 请问是一个已婚的人在看着未婚的人吗？
>
> （A）是　（B）不是　（C）不确定

在试验中他发现，不少于 80% 的人会直接坚定而自信地选择答案 C，即不确定，因为题目中并没有给出足够的信息。但是让我们关掉头脑中的自动驾驶系统，再多想一步。确实，我们并没有从题目中了解到安妮的婚姻状态，但不外乎是已经结婚或者没有结婚这两种情况。我们可以分别考虑这两种可能：假设安妮已结婚了，那么因为乔治没有结婚，则有一个已婚的人（安妮）在看着未婚的人（乔治）。假设安妮并没有结婚，因为杰克已婚，所以依旧有一个已婚的人（杰克）在看着一个未婚的人（安妮）。所以无论安妮是哪种状态，都有一个已婚的人在看着一个未婚的人，正确答案是 A。答错的那 80% 的人同样掌握能做出正确答案的所有信息，只是他们没有停下来认真地思考。

斯塔诺维奇使用这道具有迷惑性的题目来证明自己的观点，是因为他已预料到人们的思维方式肯定会让多数人答错题目。或许我们会认为选择这种难题并不公平，它简直让天文学家、脑外科医生这些聪明人看上去神乎其神，具有更领先的未雨绸缪能力，而我等凡人就像傻瓜一样，随时可能因自己的疏忽大意而大祸临头。若给我们换道一般难度的题目，我们可能就能做到多想一步，解出正确答案。不过，在试验中，回答问题之前，斯塔诺维奇先给每位参加者做了简短的智商测试。你可能觉得越高智商的人越有可能答对这道题，对吗？事实并非如此。结果显示，聪明与否和是否能答对题目毫无联系。斯塔诺维奇指出，不管智商如何，我们都具备能力让自己慢下来，仔细想想，给出正确答案。可问题是我们都没有这样做。

斯塔诺维奇用“认知吝啬”这个词来形容我们，他指出这个词几乎适用于所有人。我们总是想得很少，却急着有所行动。

我们不知道需要提前想什么

当我们不具备足够的知识去发现问题所在时，提前多想一步也会变得非常棘手。假设有人请我花几个小时帮她照顾三个小孩。而我之前并没有任何相关经验，完全不知道和三个小朋友在一起可能会遇到哪些问题。此刻我当然希望自己能做到未雨绸缪，但关键是我根本不知道需要考虑些什么！这些孩子究竟会做什么？又会遇到哪些风险？

这就是和生活息息相关的安全知识非常重要的原因。有时候，这些知识也可能很微妙。让我们再来回忆下本章开始时提到的火灾的例子。假设现在你已有意识地提醒自己，每到一个公共场所时先要找到紧急出口的位置。你记住那个离你最近的出口，并决定万一发生紧急情况时就从这里逃生。不过，这可能并不是最佳选择。乔纳森·赛姆（Jonathan Sime）在1985年做了一项颇有说服力的研究，结果表明，在火灾发生时，人们倾向于向熟悉的人和熟悉的地方移动。[5]具体到在俱乐部，这意味着人们通常会朝着正门逃跑，或者去找进来时在门口迎接他们的工作人员。这种现象就导致了正门的拥堵和其他少数人发现的安全出口并未被充分利用的情况。罗得岛州的俱乐部的音响师因为对这种情况有所了解，所以选择了一个多数人不知道的冷门逃生通道，这样不但提高了他自己的逃生概率，而且还能缓解主要出口处的拥挤，提高他人的生存概率。这是一条非常有用的信息，请务必把它存入脑海。在之后的章节中，我们会介绍更多类似的知识，以便我们在日后的生活中能更加小心谨慎。

乐观主义惹的祸

还有一件事，你需要多加注意。我自己倒没有这方面的问题，不过你也许就是有这种问题的人之一。我在这里所指的弊病就是乐观主义。这样的人会放眼世界，会规划未来，并且会让自己只关注世间美好和积极的一面。

假设你现在要离开办公室出去办点事。经过茶水间时，正好发现留在那里的最后一块蛋糕。谁会发现你拿走了那块蛋糕呢？没有人。因为你会像一个隐形的忍者一样，快速地拿走蛋糕然后离开办公室，所以没人能看见你拿蛋糕。接下来，假设你正一边吃蛋糕，一边看手机，一边过马路。路上的司机有多少人会注意到你呢？你认为所有这些司机都可以注意到你吗？如果你认为是这样，那么别忘了，针对“别人是否能看到你”这件事，刚刚你还觉得自己是个隐形的忍者，现在又变成相信所有人的注意力都会在你身上了。你并没有换衣服，你和刚刚一样是同一个人，但不知为何，突然之间你就变得更显眼了。其实，你只是做了两件冒险的事，又乐观地都从最好的角度加以诠释，但你给出的原因是自相矛盾的内容。

纽约大学的心理学家加布里埃尔·厄廷根（Gabriele Oettingen）一直致力于研究乐观主义给人带来的巨大风险。[6]她在研究中曾指出，如果一个人设定了一个目标并认为其必将实现的时候，往往会为之付出更少的努力，因为人会乐观地认为这件事已然是板上钉钉了。厄廷根不相信人们都是天生的乐观主义者，认为这是人们在思考可能出现的结果时所犯的一个特定的错误。简而言之，就是我们想问题的时候总是倾向于得到一个积极的结果，于是忽略了那些与消极结果相关的证据。厄廷根鼓励人们进行她所称的“精神对比”，即无论设定什么目标，都先罗列出可能影响这个目标达成的所有因素。让我们重新思考下过马路这个例子。没错，很多人在过人行横道时都有些心不在焉，但这样做真的有无数种危险。万一那辆在右转车道的车打算在红灯亮起前加速通过呢？万一有辆车从挡住你视线的大货车后面突然窜出呢？我们不要那么乐观，应该变得现实些。

当我们花时间把可能出现的好结果和坏结果都想一遍时，我们的行动可能会因此而改变。

为什么我们没有这样做呢？厄廷根认为原因源自内在。“我们在脑海里把所有的坏事都拒之门外，”她告诉我说，“因为只想那些好的事情会让此刻感觉更美好。”但她也提到，不愿考虑消极因素也和社会环境的影响有关。厄廷根指出，当下乐观主义已深植于人们的信念之中，受到狂热的吹捧。它迫使我们在任何情况下，都要百分百相信目标一定能达成，倘若有一丝疑虑，都会被他人挖苦和指责。因为对乐观主义的盲目执着，所以我们不能提及任何负面信息。

假设现在是凌晨 3 点，你正打算开车回家。哪怕你此刻是十分清醒的，如果我和你一起，我会告诉你，我们可能没法活着到家了。我们在后面的章节中会讲到，凌晨三点查出酒驾的比例有多高。一想到在车祸现场从扭曲的金属中拉出的数量庞大的尸体，我就瑟瑟发抖。选择在那个时间开车，我们不但需要打起精神万分小心，还要有不错的运气，才能保证自己活着进家门。是我太悲观？你错了，一位飞行员朋友送我的外号可是“乐观先生”。

如何做到未雨绸缪

第一步，想一想再行动，让系统二多工作

有两个步骤可以让你更好地做到未雨绸缪。第一步是培养一种新的行为习惯：做事前停下来，先想一想，然后再行动。让你的系

统二多工作。

如果你真的想要做到足够谨慎，无论我们到哪里，做任何事之前，我们都要在脑海里问自己以下 4 个问题：

1. 这样做有哪些可能的风险？
2. 我真的应该这样做吗？
3. 为了预防发生坏结果，我能做些什么？
4. 如果真的出了问题，我该怎么办？

当你停下来开始思考这些问题时，就已经在未雨绸缪了，这可以被称为“主动出击”。如果你主动出击，就会发现可能存在的风险，并想办法控制和解决它。想象一下你看着一群孩子正在坚硬的地面上追赶打闹，这时你发现有几张纸散落在地上。你告诉自己：没有如果，只有早晚。所以你把这几张纸捡了起来。

当我们不未雨绸缪时，就会让自己陷入消极应对的局面。消极应对有两个坏处：其一，当你在应对一个糟糕的局面时，说明糟糕的事情已经发生了。你通过事先预防，把坏的可能扼杀在摇篮里的机会已经丧失；其二，人们并不擅长应对突发的紧急状况。在电视和电影中，人们常被刻画为解决突发事件的高手。每当有危险降临，英雄就出现了。在令人振奋的背景音乐中，英雄迅速思考，心生一计，接下来完美地执行了计划，完成拯救世界的任务。然而在现实生活中，当突发事件和紧急情况出现时，人们典型的第一反应就是不知所措。我们当中的绝大多数人其实做不到随机应变，尤其是在被迫的情境之下。

然而主动出击能为你创造最重要的逃脱困境的机会。你不但可以事前想一想遇到紧急情况该如何处理，还可以把解决方案写出来，甚至多加练习。当突发事件真的发生时，在一阵慌乱之中，你可以轻松应对，因为你早已有所准备。你只需把提前想好的解决方案拿出来，按照上面的步骤去执行就可以了。出于这个原因，我们不教飞行员在紧急情况时如何冷静思考，而是教他们在危难发生时如何冷静地阅读。驾驶舱里有一份操作指南，上面写着所有能想到的飞机可能遇到的紧急情况的处理办法。这份指南是由科学家和工程师共同撰写的，他们呕心沥血，花费很长时间研究出最有效的应对突发事件的方法。在军事飞行中，人们将“遇到突发事件时完成操作指南中的相关要求”叫作“执行黑体字”。

越是能够事先多想一下，越能让你有更多的理由未雨绸缪。想想那个提醒你要在公共场合花时间确认紧急出口位置的例子。除了遇到火灾时你需要用它，发生打群架或者暴动时呢？万一你的前任突然出现了呢？或者遇到其他你不想在那里看到的人，比如你欠他50美元的那个人。你想得越多，就越会觉得事先了解大楼的紧急出口是多么明智的选择。

当然你也没有必要把所有可能出现的可怕场景都想象一遍。如果这样做的话，你一定会觉得活着太可怕了，这让人惶惶不可终日，就像被新买的链条意外缠住脖子导致窒息。本来在人行道上好好走着，结果被边开车边发短信的司机不小心撞飞了。类似这样的担忧大可不必，不乱担心的核心原则是知道生活中以较高频率出现的危险有哪些，以及如何应对，这就要谈到我们接下来介绍的第二步了。

第二步，预知生活潜藏的危险因素

第二步就是了解那些日常生活中潜藏的危险因素。假设今天晚上你要过马路。此刻做好未雨绸缪的关键在于，你知道过马路时在两个路口之间的缓冲带被车撞到的概率比在人行横道上高得多。这种车祸又更集中地发生在晚上和周末。同时，像你一样谨慎的人也可能高估了汽车前灯的能见度。在本书的后半部分，我们将集中介绍潜藏在日常生活中的高风险因素。我们将学习如何以及何时让自己停下脚步，将所学的知识结合注意安全的基本原则，应用到生活之中。

此时你可能会问：这样不间断的事事提前做安全检查，难道不会让生活变得索然无味吗？就像总是在脑海中回放恐怖画面一样。如果你一天 24 小时都要做安全检查员的工作，那生活还有什么乐趣可言？我可以向你保证，情况并非如此。在你练习一段时间之后，做到未雨绸缪就会变成你毫不费力的自然之举。设想一下，当你读完本书后，某一天你和你的孩子一起进入酒店的房间。你向阳台的方向一瞥，发现护栏有 4 英尺高，而且栏杆之间的距离小于 4 英寸，这正符合安全机构给出的黄金标准。这些想法会自然地在你的脑海中出现，估计用不上两秒钟。我现在每到一个人群密集的地方，都会先对自己说：“恭喜你，这里很热闹。但是，万一出事了，该从哪儿逃命呢？”

在这件事上，你的潜能是无限的。只要多加练习，你就可以让自己的眼睛和头脑变得更加敏锐。设想一下，当你一边开车一边看手机时，脑海里就会有一个声音提醒你：这种分心很危险，可能会撞到别的车或人。我把这种称为单个预警。再设想另外一个场景：你正在市中心的商场外，打算并排泊车。而此时你内心的警铃再次响起，提醒你说万一你后方同车道上的司机正一边看手机一边开车，没能留意到已停下的你，估计就该撞车了，所以别这样做。此时你已将两种可能的风险联系在一起，这就是双重预警。我的一个好朋友和我分享了他最近曾做出的三重预警。某一天晚高峰的时候，在旧金山一个热闹的街区，他看到一名司机不但并排泊车，还让他的儿子踩在自己的膝盖上，将头伸出天窗。我的朋友把这个动作戏称为“送往断头台”。我们探讨了三重预警场景的出现，以及这些危险出现时所引起的连锁性灾难多么令人难以置信，就像电视剧《六尺之下》（*Six Feet Under*）的开场一样。我这位想象力丰富的朋友甚至在脑海里想象到一个出乎意料的画面：孩子的头卡在了天窗，一只老鹰啄伤了他。他想象的三重预警也是合乎情理的。事实上，每天都会发生多起因司机分心而撞到停着的车的事故，我自己在多年前就亲身经历过。在一个类似街区的儿童游乐场旁，我当时并排泊车，被一辆正在行驶的车撞到，当时我三岁的女儿就在车后座上。万幸的是，她坐在安全座椅上，所以没有受伤。

在罗得岛州的俱乐部的火灾事故中，音响师和调酒师因为自己事先设想过紧急情况出现时该如何逃生，所以在灾难中幸存下来。他们不但救了自己，还救了其他不知道这个安全通道的人。多么难得的救人机会！多么珍贵的救命之恩！危难发生时，我们往往能看到人性中最好的一面：那份藏于每个人心中的善良和对他人真诚的关心。不过，遗憾的是，我们对他人的关心有时也会减弱。

第六章

彼此关心

2013年6月6日，美国旧金山国际机场发生了一起空难，来自韩亚航空公司的214号航班撞到了距离跑道不远的岩石海堤。顷刻间，这架足有40万磅重的飞机滑出跑道，翻滚一圈，又重重砸回地面，最终才在跑道上停下来。机上304人当中有3人当场死亡，但可怕的一幕才刚刚开始。位于飞机右引擎上的油箱爆裂，导致燃油泄漏并燃烧，火势很快蔓延到客舱。机组人员下令撤离，空乘人员开始引导乘客从机上的三个紧急出口撤离。正常情况下，从波音777这种大机型下机大约需要25分钟，因为乘客需要从头顶的行李架上拿出随身行李并带走。但在紧急情况发生时，空乘人员已被培训过要以最快速度疏散乘客，因为几秒钟之差可能就是生死之别。

位于机舱外的监控录像显示，在这架已经明显着火的飞机上，291名乘客逐个从紧急出口处撤离。很多乘客都拿着随身行李。拥挤的求生通道上不但塞满了手提包和拉杆箱，一些人甚至手里还拎着免税店的购物袋。尽管空乘人员反复大喊请大家以最快的速度撤离机舱，但还是有许多人不听，先去取自己的行李。

这并不是个例。辛西娅·德雷舍（Cynthia Drescher）是旅游博主，她写过名为《紧急疏散时不顾性命只想保行李，乘客你到底要怎样》的博文，在文章中她还提到一些其他的类似行为。三年前，一名乘坐达美航空公司航班的旅客曾拍摄过一段紧急疏散时的视频，视频显示飞机上的大部分行李架都被打开了，因为许多乘客在紧急撤离前都去取自己的行李。此后，在一次美国航空公司航班的紧急撤离中，一些乘客不但拿着行李，甚至至少一人被发现在混乱之中还来了张自拍。辛西娅写道："一次是个例，两次属偶然，但发生了三次，已然说明这是个趋势问题了。"对此，来自美国国家运输安全委员会的 2 000 份调查证明了辛西娅所说属实。共有 419 名商业航班的乘客参与了调查，这些人都亲身经历过航空紧急撤离。他们当中有一半以上的人表示自己曾试图在撤离前先取行李。这项调查提醒，这种行为表现并不是因为有一小拨人很自私，觉得自己的财产比别人的生命还重要。[1]

在本章中，我们将讨论第五个认知局限：有时候我们会忽视自己的行为对他人产生的影响。毫无疑问，人类的本性是善良的，我们会关心别人。如果不是这样，人类就不会存活到今天了。关于本章开头提到的案例，我们大可举出无数反例去证明人们并不自私，会为他人着想，甚至有时以一种英雄主义的方式牺牲奉献。但是，就像前几章所提到的，我们的局限性体现在对自己专注力的判断，对熟悉任务的执行，从安全角度判断风险，做到先停下来想一想再行动等方面上。与之类似，我们会在一些可预测的状况下忽略他人。当我们处于错误的情境之中时，会突然把别人当成对手，或者根本就忘了他们的存在。

一时冲动

无论身处任何情况，一旦一个人头脑发热，世界就立刻变狭隘了。我们眼中不再有他人，到处都是我、我自己和我的想法。研究发现，若一个人感到自己深受威胁，那么利他行为就会转化为敌对行为，合作会变成竞争。在我们的视野中和脑海里，周围的一切就会消失，不再在考虑范围之内。有这些反应并不代表你是坏人，因为这都是生理性的反应。当人处于紧张的应激状态时，身体会释放儿茶酚胺和皮质醇这样的神经递质和激素。就像身体里的警报响起一样，这时人会被负面情绪控制，变得敏感易怒，会把别人从自己的世界里剔除。

除了空难外，还有什么情况会使我们产生这种自然反应呢？其中一种就是身处拥挤的环境。当身处封闭空间的人海中，或者拥堵不堪的街道上时，人们便会只注意自己。[2] 噪声也是一个重要的压力源。研究显示，噪声会让人们变得更不敏感，同时利他行为也会有所减少。[3] 我们常说的头脑发热，脖子一热[①]，怒火中烧，都说明了温度升高会让人变得易怒[4]。我曾在一项喜欢的研究中提到，法官会在饥饿的时候做出更严厉的判决，而在吃过午饭后会做出更轻的判决。[5] 心理学家在研究酒吧里的打架事件时发现，当现场拥挤不堪[6]，或者播放的音乐不受欢迎[7]，抑或到场的女性太少时，斗殴最有可能发生[8]。想想看，若是这三种情况同时出现呢？

所以不难想象，在那辆着火的飞机上，乘客已然处于冲动的状态之下。

你的行为可能危及他人

几年前，在旧金山的使命湾，一位年轻的女子在十字路口停下了脚步。她正打算过马路，虽然“禁止穿行”的牌子就在眼前，但她左右观察发现此时马路上并没有车，于是决定冒险穿过去。在已走过全程的 2/3 时，她突然停下来，表情也尴尬至极。当时我正蹲着指着旁边的路标认真地和三岁的女儿讲解：“当看到‘禁止穿行’的路标时，任何情况下都不能穿过去，记住了吗？”结果一抬头，就看到了她。这位女士难为情地说：“对不起，我出现的真不是时候。”

能意识到我们的行为会危及自己的人身安全已是件困难的事，意识到我们的行为可能会危及他人难上加难。这就好比要给一块还

① 脖子一热（hot under the collar），美国常用语，表示生气或者愤怒。——译者注

没烤好的蛋糕裹上糖衣，难度可想而知。

其实在日常生活当中，随处可以见到我们的行为会对他人产生不良影响的事例。你是否有过这种经历，在出口处碰到门把手横在门中间，需要用力推开，当你从里面推时，碰巧撞到了正站在门外面的人。这能说明你是个粗心大意、冷漠无情的人吗？当然不能。你只是在开门。在开门前先停下来想想可能对他人产生的影响，这并不是容易的事。在纽约市，3% 的致命自行车车祸来自打开的汽车门。[9]

如果我们能在飞机紧急疏散时将时间静止片刻，和大家解释清楚如果撤离延误，可能会给你身后的乘客带来致命的风险，我想多数人，绝大多数人，甚至是所有人都会当即放弃行李，立刻听从指挥，迅速撤离。

施救没那么容易

假设我们现在已能做到先深呼吸，让自己冷静下来，想清楚我们的行为可能会对他人带来的影响。有时候，即便这样仍不够。我们可能遇到过他人呼救的场景。虽然你是个富有同情心的人，但想做到看到后立刻冲上去搭救有时也没那么简单。

在我开始写本书的几个月之前，有一次我正在高速公路上开车，看到前面的司机是一个小伙子，他的车上绑了一个大号的双人床床垫，绑床垫的绳子看起来并不结实。因为我是飞行员兼飞行教练，我的第一反应是，那个双人床垫就像机翼般绑在汽车的正上方，从空气动力学的角度看，它给了这辆汽车不少向上的动力。要是能让这辆车飞起来，可比在路上开快多了！之后，我的脑海中出现第二个更贴切实际的想法就是：万一垫子没绑住掉下来，第一个砸中的肯定是我！它看上去真的绑得不太结实，让我有种不祥的预感。这让我十分烦躁，直接加速超车开到了他前面，并一路保持领先。我脑海中出现的第三个念头才是最让人担忧的：即使这个垫子掉下来不会砸到我，也可能砸到别人，这该怎么办？我想过让自己的车速放慢，开到这个年轻人旁边，指着垫子提醒他一下，也想过打电话给加利福尼亚州公路的交警。但我并没有这样做，我只是确保了自己的安全，然后开车远离了他。

几个月之后，当我为写作本书收集研究数据时发现，高速公路上每年因从小汽车或卡车上掉落未固定紧的床垫或其他物品而导致的车祸数字简直惊人，而且后果严重。根据美国政府责任办公室的报告，仅在 2010 年，因前车掉落物品砸中后车或将物品遗漏在公路上而导致的车祸数量就有约 5.1 万起，导致 1 万人受伤，440 人死亡。[10] 得知这个数据后，我对当天没有采取任何行动的表现更加愧疚了。万一有人因此出事了呢？为什么我明知危险却没有采取行动？

旁观者效应

20 世纪 60 年代末，美国纽约市发生了一起一位年轻女孩在公众场合被残忍杀害的恶性事件。在该事件发生之后，心理学家比布·拉塔内（Bibb Latané）和约翰·达利（John Darley）针对“为何有时我们会袖手旁观”这个问题展开研究，找到了其中的原因。通过试验他们发现，在有人呼救的场景中，如果旁观者的人数增多，每个人上前实施援救的可能性就随之降低。换句话说，就是看到的人越多，采取行动的人就越少。比布和达利将这种情况称为“责任分散效应”（diffusion of responsibility）[11]，以此来解释旁观者效应。它的意思是：当只有少部分人目击有人在求救时，在场的每个人都会觉得自己有百分之百的责任提供帮助。但随着旁观人数的增多，这种责任感会分摊到别人身上。笼统而言，如果有 10 个人同时在场，那么每个人都觉得自己只有 10% 的责任去提供帮助，90% 的责任在别人身上。如果周围很多人都可以提供帮助，人们就会认为我不做也会有其他人去做。就像纽约谋杀案的一名目击者回应遇害者丈夫的质问时所言：“那么多人都看到了，我以为当时至少已经有 30 人报警了。”

无论是在试验中还是现实生活里，因责任分散而带来的旁观者效应都在接二连三地上演。在一个更具信息时代特征的场景下，以色列的两名研究人员以电子邮件的形式向某公司的员工发出了一条求助信息。当信息是被分别发给每个员工时，研究人员收到的回复内容都较长而且很详细。而当求助是群发给所有人时，研究人员收到的回复就很少，内容更短，信息也不全面。[12] 2015 年，德国的研究者做了一项试验，更让这一现象显得雪上加霜。他们以 5 岁的孩子为一组研究对象，观察在儿童身上是否会出现旁观者效应。[13] 很遗憾，结果证明，人性的这种局限要么是与生俱来的，要么就是人很小的时候就已习得了。

我太忙了没时间帮助他人

约翰·达利和他的学生丹尼尔·巴特森（Daniel Batson）发现了人们袖手旁观的另一个合理的理由：他们太匆忙了。在一项设计巧妙的试验中，他们通知神学院的学生去听在校园内另一栋教学楼里举办的讲座，内容是《圣经》中好人撒玛利亚的寓言。[14] 他们当中的一部分人被告知还有足够的时间，而另一部分人被告知他们已经迟到了。与此同时，在这些学生不知情的情况下，他们安排了一名工作人员扮演需要被救助的人，瘫倒在他们去听讲座的必经之路上。不出所料，被告知有足够时间的学生，更多地选择停下来帮助别人（但仍然只占 63%）。在被告知已经迟到的学生中，只有 10% 的人停下了脚步施以援手，哪怕他们在之前很可能已读过《圣经》中告诫人们要帮助他人的段落。是因为这所神学院的学生品德不好吗？不是，达利和巴特森指出，这些参与试验的学生和大多数人一样都是好人。研究人员指出："随着日常生活节奏的加快，道德感慢慢成为一种奢侈品。"人们被当下的匆忙蒙住了眼睛。

达利和巴特森这项严谨的试验已被重复证明过多次。加利福尼亚大学弗雷斯诺分校的 4 名心理学家把拥挤的环境和匆忙的生活方式联系在一起，用以解释现代人袖手旁观行为的深层原因。他们在名为《美国 36 个城市助人行为调查》的研究[15] 中指出，一座城市的人口密度和生活成本可以显著预测人们停下脚步帮助他人的意愿。当你身在拥挤且繁忙的地方，就无法依赖陌生人的仁慈和善良。

我们只是没心情

1972年，社会心理学家艾丽斯·伊森（Alice Isen）和葆拉·莱文（Paula Levin）发现了另一个人们时而对他人施以援手，时而袖手旁观的原因——那取决于人们在那一刻的心情。她们到一家购物中心，选择了一个公用电话，等待那些打电话的人参与这项试验。她们随机选择了其中的一半人，让他们在电话亭的退币处恰好“发现”一枚10美分的硬币（在当年，10美分还是挺值钱的）。她们安排一位工作人员，让他在经过电话亭时“不小心”掉落手中的文件袋，让里面的文件撒了一地。在没有捡到10美分硬币的被试中，只有4%的人会停下来，走过去帮助他捡起地上的文件。而在捡到硬币的人当中，有84%的人都选择了停下来帮忙。看来，10美分（相当于今天的58美分）带来的喜悦足以让一个人成为热心市民了。伊森和莱文还做过另外一个试验，结果与之类似，在人们得到曲奇饼干后，也会更乐于助人。[16]三位来自英国的心理学家发现，人们在听完令人精神振奋的音乐后，就会更愿意无偿为慈善机构服务，而听完令人烦躁的音乐后，无偿付出的意愿会变低。[17]回想起前面提到的绑床垫的那辆车，真不知道若我当时情绪更好或是更糟的话，又会做些什么。

共情能力下降

在纽约闹市发生的谋杀案过去51年之后，另外一名女子，刚刚把两个女儿送到学校，走上人行横道准备过马路。本来在她经过的方向并没有车，突然有辆校车逆行朝她快速冲过来。可怜的女子被撞倒在地，肇事司机却头也不回地开车逃走了。

这起事故发生在早高峰时间，现场监控录像显示，当时她意识清醒，她倒在血泊中时，有数百人从此地经过。送孩子上学的车拥堵在校门前，寻找落脚点让孩子下车。距离她只有 16 英尺的地方有一家商店，很多人正在店门前排着长队。但熙熙攘攘的人流中没有一个人上前帮忙搭救。这名女子就这样神志清醒地躺在那里，足足 25 分钟。她的家离这里只几个街区，不久后她的邻居得知了车祸的消息。终于，她邻居到来后，她被送往医院，但还是因抢救无效身亡。

在随后的调查中，警方失望地发现，在圣约翰大教堂前的惨剧发生时，他们没有收到任何来自现场的人说发生车祸或者看到这位妇女的报警。在《看不见的大猩猩》（*The Invisible Gorilla*）一书中，作者克里斯托弗·查布里斯和丹·西蒙斯曾描述过类似事件，并指出旁观者有时没有看到这种明显的人或事是合理的。但这次的事件与此不同，因为监控录像显示，很多人在这位女子前停下了脚步，掏出手机，照了张相，然后又走开了。

一些心理学家认为，我们是否愿意停下来考虑自己的行为对他人产生的影响，可被归结为一种叫作“共情”的品质或能力。心理学家罗曼·克兹纳里奇（Roman Krznaric）将共情定义为“一门设身处地，换位思考的艺术，能够真正理解别人的感受和想法，并用这份理解去引导自己的行为”。根据本章提到的内容，心理学家认为人的共情能力正在下降并已找到相关证据的事也就不足为奇了。社会心理学家萨拉·康拉特（Sara Konrath）来自美国密歇根大学，她致力于研究人们如何在自我和他人之间分配注意力和利害关系。康拉特和她的同事收集了自1979年至今的72项有关共情的研究，在这些研究中，约有1.4万名大学生参与了调查，他们被要求对类似以下的表述按照认可程度进行评分（分数包含1~5，1分表示完全不同意，5分表示完全同意）[18]：

> 别人的不幸很少让我无法平静。
>
> 有时当别人遇到问题时，我不会为他们难过。
>
> 当我对别人感到不悦时，我常常会试着设身处地地考虑一下。

我们可以想象，变态杀手一定会给所有正面的选项1分，给负面选项5分。但普通人是如何作答的呢？康拉特和她的同事通过调查研究发现，结果取决于你是在什么年代做的调查。图3显示在“同情担忧”和“观点采择”这两个衡量共情能力的维度上，近25年内，人们的评分随时间出现了显著递减。

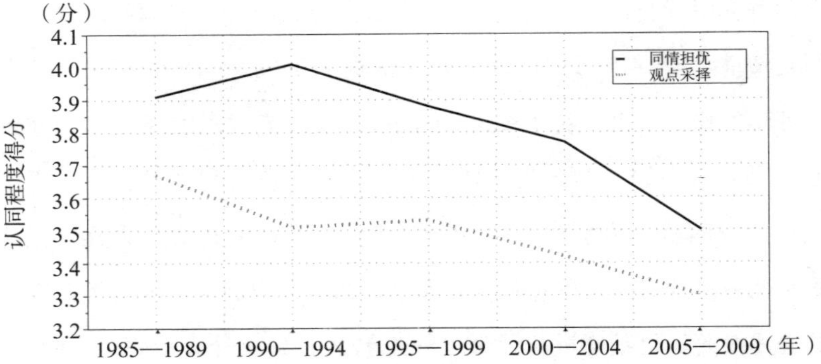

图 3　对他人的关心程度随时间而递减

所以，如果现在的年轻人不再关心他人，那他们关心什么呢？康拉特和她的导师琼·特文格（Jean Twenge）认为，他们关心的只有自己。我们身处一个充斥着自恋和自我至上的时代。在《我一代》（*Generation Me*）一书中，特文格指出，现在的大学生对于“我应该关心他人”这样的言论并不认同，相反他们更加认可如下这些观点。

- 我发现操纵别人很容易。
- 我坚持要得到应有的尊重。
- 如果让我统治世界，地球会比现在好得多。
- 如果我在泰坦尼克号上，我会第一个上救生艇。[19]

因为好奇现代人为何着迷于自拍，特文格和她的同事对 1960—2008 年美国出版的 766 513 本书进行了调查。她们发现，使用第一人称复数代词“我们”[20]的频率下降了10%，而使用第一人称单数代词“我”的频率增加了42%，使用第二人称单数代词“你”和“你们”的频率增加了400%以上。即使在我们阅读的书中，使用“我们”显得落伍，多用“我”则看上去更前卫。

心理学家布拉德·布什曼（Brad Bushman）通过研究揭示了一些自恋引起的后果，这些后果令人悲伤。在一项研究中，布什曼发现自恋的人很少对强奸受害者表示同情，当看到电影中出现强奸镜头时，他们会觉得更享受。在其他的几项研究中，布什曼发现自恋程度可以很好地预测攻击行为，哪怕是针对无辜的目标。[21]

心理麻木

当我们反复看到或听到一些不幸的事情时，我们的共情能力就会自然下降。2016年发生的第一起因半自动驾驶汽车而导致的车祸引起了很多人的关注，并引发众多关于这一悲剧的讨论。同一年，全世界还发生了125万起其他的交通事故，但加在一起所引发的讨论还没有这一次多。为什么？很显然，无论我们多么有同情心，也无法在心理上“繁殖”悲伤和共情。一项研究发现，比起最初公布的死亡数据，后续增加的死亡人数和信息对人们的心理影响程度明显会降低。研究人员还发现，虽然一场战争导致的伤亡人数是另一场战争的8倍，但引发的悲伤只是后者的2倍。[22]心理学家称这种现象为“心理麻木”或“同情心崩塌”。这就是公共服务机构经常通报有关受伤甚至死亡的风险事故，却往往改变不了人们的思想和行为的原因。可能正是因为听到的太多，人们早已麻木了。虽然心理麻木确实能使人避免沉浸在悲伤和恐惧之中，但也会影响我们在这个危机四伏的世界里保持警惕的能力。

摆脱自动化，关心他人

估计我在前文提到的那种自私之人不会看这本书，所以只有我们这些善良的人会读到这本书。但是，按心理学家的话来说，我们对他人的关心可能是曲折多变的、过分挑剔的、断断续续的、喜怒无常的、阴晴不定的，以及很容易被拖延和转移的。如果社会是一辆车，那么开到今天，“彼此关心”这个油箱里面的燃料貌似已经用掉不少了。

记得上一章节说的系统一和系统二吗？当我们把一件事视为常规时，脑袋就会被自动驾驶系统接管。心理学家认为，如今我们对他人所做的思考和行为也变得自动化。[23] 坚持在已着火的飞机上拿完自己的行李再撤离，或许不能说明一个人是有预谋的自私，但这却是头脑自动出现的想法和行为。因此，在社会环境中，让自己的思考和行为摆脱自动化的状态，重新与心智联结仍需一番努力。

互帮互助会更安全

既然这样，那为何不干脆选择只专注于自己的安危，让其他人也专注于自身？在安全领域工作多年的经验告诉我，当我们团结一致、互帮互助的时候，一切会变得更安全。一个共同协作的团队在任何时候都胜过一群单打独斗、各自为伍的散兵。

同时也要意识到，在日常生活的很多情况下，我们的安危不仅取决于我们自己，还取决于他人的行为。你能否安全地通过马路绝不是你一人所决定的。只有当别人注意到你并愿意配合时，你才能安全通过。我们也很容易认为自己有能力控制自己的行为，这也是一个天真的想法。我们需谨记在心的是心理学家所说的交互效应。交互效应的例证之一就是若你把车开到另外一辆车旁边，朝里面的司机竖起中指，咒骂他几句，又开车离去，你觉得这个司机接下来的反应是出于他的自我意志吗？我会说此刻的他更像一个木偶，而你就是背后牵动木偶线的那个人。同理，其他人也可以以相同方式牵动我们身后的线，影响我们的行为。

交互效应的一个重要特征就是，我们与人为善时，也会得到同样的反馈。这就是为什么商店会提供免费试用品。罗伯特·西奥迪尼（Robert Cialdini）在经典著作《影响力》（*Influence*）一书中写道："很多人都发现自己很难拒绝一位面带微笑的侍者递来的试吃食物。他们会停下来品尝，然后再走开。"西奥迪尼总结了这种可观察到的现象背后的原因，指出"免费样品由来已久，它已被时间证明是行之有效的方式"。[24] 所以可以肯定的是，若你是乐善好施之人，虽然你无法让所有人都以同样方式回报你，但一定会有人投桃报李。

善举会传递。设想一下，若每个人开门经过时都会为身后的人扶一下门，这个行为就会传递下去，成为习惯之举。人们甚至无法不这样做，因为一旦你没有扶门，后面的人因此而不小心撞到门，你就会被周围的人视为没有公德。即使是最吝啬自私之人在这样的场合也会服从这个惯例，变得温柔和贴心。

关心他人对每个人都有益处。让我们放下紧迫的时间表，整理好自己的心情，投入善举中。以下 4 件事能让我们对他人更有爱心和同情心。

克制我们的行为

当人群聚集、气温上升或者时间变得紧迫时，我们很难让自己做到深吸一口气，调整情绪，控制自己的行为。此刻的我们需要提醒自己，无论接下来要做什么，都不要把自己的担心、压力和风险转嫁到别人头上。正如我们将在最后一章中所讲到的，建立一种新的思维方式和行为模式并非易事，它做起来要比从现在开始使用清单来避免遗忘更加困难。这是一种在思考和回应他人方式上的根本性转变，绝非易事。

事先为他人着想

这是一项需要把本章与最后一章内容相结合起来的技能：能够做到先停下来，考虑你之后的行为将对你自己以及周围的人所产生的影响。如果说学会深呼吸和稳定情绪代表你的深度思考技能已达到本科生水平，那么能够在预想后果时考虑到他人就是研究生水平了。

预先解读他人的想法，同时让他人更容易预测自己的行为

当你准备过马路时，请你站在来往司机的角度去考虑接下来他们会做什么。这样的你将是战无不胜的！如果你能预先判断出那位右转的司机正在分心，可能会闯红灯直接压过斑马线，你就会停下脚步，哪怕此刻人行道的绿灯已亮起。现在，如果每个司机都能预测出你接下来的行为，情况又会如何呢？假设现在你要迈步走上斑马线，而且旁边的司机也预测到了你的举动。即使是最自私的司机也不愿承担撞死行人所造成的悲剧的损失。这时，他就会放下手机，抬起头，停车，让你先过。想象一下，如果我们所有人都会读心术，这个世界将多么安全！虽然人类短期无法培养这项技能，但我们可以多从别人的角度去看待问题，以预测他人的行为，让自己和他人更安全一些。

我们还可以更进一步，达到我所说的在深度思考方面的博士水平。我们不仅能站在他人立场，判断对方接下来要做什么；还可以通过调整自己的行为，让别人更容易预测我们接下来的行为。仍以过马路为例，此时那位右转的司机已停车请你先行，等你一走出他的行车范围他就踩油门。此刻你能做的最无法让人预测的事，就是莫名其妙来个 180 度转弯，又回到刚刚走过的马路上。本来这辆右转的车以为你已安全离开，所以加速前进了，却被这个意料之外的行为搅乱，你让自己再次陷入危险中。

我们在后续的章节中还会提到，在照看孩子时，预测对方的行为尤为关键。同样重要的还有让他人更容易预测自己的行为，尤其

在过马路时。

介入和帮助

我们还可以通过介入和帮助保证他人的安全，就像当我遇到那辆绑着床垫的车时应该做却没有做的事。若能再做到这一点，你就已达到荣誉博士的水平了：因为这说明你不但聪明，还能友好地对待他人，同时能做到深思熟虑，让自己远离危险。

好的介入方和施救者在如今社会已不可或缺。许多机构现在提供“旁观者训练”。美国政府建立的“不再孤单”网站（www.notalone.gov）为性侵事件证人提供专门的指导。美国亚利桑那大学专门开设了一个名为“向前！”（Step Up!）的项目，旨在教学生更积极主动地帮助身处困境中的人。它提供了一系列培训，使学生能够应对诸如狂躁、被歧视、抑郁和酗酒的人群。一些地方的司法机构也出台了《好撒玛利亚人法》，为那些给他人提供合理援助的施救者提供法律保护。这些法律旨在减少人们在决定是否帮助身处危险中的人时因责任问题而引起的顾虑。在美国，已有10个州对《好撒玛利亚人法》的内容做了进一步改良，增加了“需要承担责任”的内容，要求旁观者在有人处于危难时能主动站出来给予帮助，拒不施以援手的人将承担连带责任。

我们并不是要等到不好的事情发生才采取行动。就像我们在上一章中所讲的，控制危机的最好时机就是在危机发生之前。大概几个月前的一天，我在旧金山，要走过一条人行横道，当时排在所有行人的后面。旁边一辆要右转的车耐心地停在那里，要等我们所有人都过去以后再启动。在我马上要过去时，我突然发现路边一个骑滑板车的小朋友，看上去也要过马路。这显然是个错误的时机：转弯的车终于等到行人都过去，正打算踩下油门。我随即决定停下来，站在右转车道上，只是为了确保司机能看见我，以免这个小朋友在司机毫无防备的情况下冲到路中间。果不其然，那孩子从路边过来，走上了人行横道，又从我身边经过。我不确定那位司机是否看到了这个小孩，不过他一定看得到站在右转车道上的我。这就足够了。

这引出了我要讲的为何要关心他人的最后一个原因。在确保那名小朋友安全通过马路以后，我的感觉好极了。我将此次小小的善举看成对上次遇到飞车床垫事件时自己自私表现的补救。就如某些心理学家所言，此刻我的内疚得以缓解。我也由此体会到了人们所说的“赠人玫瑰，手有余香”。研究人员已找到了其中的科学根据：这种在帮助他人后所产生的美好感觉，源于大脑中被激活的反馈回路。当我们为他人提供帮助时，我们的身体就会释放类似于催产素的激素和神经递质，这会让人感到愉悦。[25]现在你知道了吧，下次过马路时可以留意些什么。

因为我们有着不同的经历，了解不同的信息，所以分享自己所知道的事情也是一种关心他人的方式。当看到有人在做有安全隐患的事情时，我们可以走上前提醒一下。例如，我可以告诉那个骑滑板车的小朋友过马路时的一些注意事项，或者更进一步，给他的父母一些关于抚养小孩的建议。

由此，我们引出了下一章的主题：提建议。当你终于下定决心走上前去给出你的建议时，哪怕你提出一条很好的建议，估计我也会马上冲到你旁边。别紧张，我并不是来干涉你的，我只是要拍些照片。

第七章

提供建议，接受建议

1989 年 5 月，我从哥伦比亚西北海岸的一辆公共汽车上跳下，背着一个装满破旧衣服的背包和仅有的几件家当。卡塔赫纳是一个美丽的地方，这里的人和我在南美洲旅行见到的其他地方的人一样友好。在镇里的广场上，我遇见了一个人，他有着真诚的微笑和开朗的性情，很愿意和游客聊天。我们聊了一会儿，在相互道别时，他停顿了一下，表情有些严肃，对我说："No cambies tu plata en la calle（不要在街上换钱）。"

4天后，我仍在卡塔赫纳享受着美妙的旅行时光，但发现身上的现金不太够了。我拿着自己的最后一张旅行支票走到了货币兑换处，这地方距离我认识那位新朋友的地点不远。在兑换窗口我得知自己要付一笔高额的交易费，算下来 100 美元只能兑换 70 美元。"这简直和抢劫差不多了！"我心里念叨着，决定继续往前走走看。

没走多远，我就遇到了一个年轻人，他同样友好、热情。他问我是不是正准备换钱，我告诉他我有一张 100 美元的旅行支票想换成现金。他说他可以帮忙，而且不会像货币兑换处的那些人一样，他很公平，几乎可以以等额面值兑换给我。他边说边从身上掏出一摞比索钞票，从里面数了相当于 100 美元的比索给我，并指了指前面街角处的一家咖啡店，让我跟他去那里，找个安静的地方把剩下的交易完成。他吹着口哨在前面带路，我跟在后面，手里拿着他给的现金和自己的支票。到商店后，他让我先数现金，确保金额无误。接着他递给我一支笔，并在我签支票时主动帮忙拿着现金。在我飞快写下名字的时候，他把那捆钱放在我眼前。之后，我用签好的支票和笔交换了这捆现金。他和我握了握手，并祝我旅途愉快。之后我们便分道扬镳了。

我握着这捆钞票从咖啡店出来，转过街角时低头看了一眼，看到了面额最大的一张放在最外面。但当我翻开里面继续数时，却发现了异样：这不是我刚才数的那捆钱，下面的钞票面额比之前的要小得多。重新数完一遍后我发现，现在自己手里只剩下 16 美元，这些钱只够吃一顿饭、喝几瓶啤酒和买一张公交车票（我说过，哥伦比亚人民是很友好的）。看来，就在刚才，就在我眼皮底下，那个人成功地把那捆钞票调包了。

随着互联网的普及，时至今日我终于发现，1989 年的哥伦比亚是当时全世界犯罪率最高的国家。绑架、武装抢劫和街头打劫每天都在上演。[1] 但我遇到的这个人没有使用任何武力。他只是用计谋打败了我，让我成功上当受骗。早知如此，我宁愿自己选择了那个货币兑换处，哪怕要支付高额的交易手续费。我也意识到，我如果当时听了第一个本地朋友的劝告，也不会如此追悔莫及。

我们有时会发现自己在一些情境中知识不足或缺乏经验。在这种情况下，若我们能从懂行的人那里得到些建议，这些建议就能起到很大作用。这能把我们从错误的方向上拉回，或者让我们清醒。听取建议还有另一个好处：它可以帮助我们分散一个决定或行为所带来的责任。设想一下，你对法官或者陪审团说“是我自己决定这样做的”和“是我的顾问小组建议我这样做的”，效果肯定不同。这个办法可以如此简单地推卸掉责任，如同杀人犯在凶器上轻易地印上别人的指纹，实在让人无法反驳。

建议会以不同形式在不同的情况下出现。当我们购买需要组装的厨房用具或书架时，制造商以说明书的形式提供建议。交通指示牌立在路旁，告知我们前方限速或者小心弯道。工作场所的办公规定或程序说明显示出公司希望我们如何工作。医生、律师和会计师会在医学、法律和金融等专业领域给我们提供口头建议。而有时候，人们只是走上前来，对我们正要做的事给出建议。

这世上有如此多不同的领域，每个领域里的人都掌握大量的知识，当然你和我也是其中之一，所以设想建立一个丰富的网络，专门用于人和人之间交换知识就是顺理成章的一件事了。心理学家查尔斯·肖（Charles Shaw）早在1920年就提出：“一旦我们意识到人和人之间需要分享，新的建议就产生了。在这种分享中，个人的经验也会对他人产生价值。”那么情况究竟如何呢？

就像我们的大脑里有负责决定集中注意力的系统、是否冒风险的系统和进行快或慢思考的系统，我们也有专门的系统负责接受、征求、评估和给出建议，和其他大部分系统一样，它在大部分时间都正常运行，但这个系统有时也会失灵。现在让我们来一起看看，哪些因素会干扰人给出建议或者接受有价值的建议，比如那句“不要在街上换钱”。

信息量太大

没有任何一个时代像我们今天所处的时代一样，被大量的信息包围。在许多行业里，一些人通过面对面的、远程的、广播、广告牌、网页、手机以及书籍和杂志等各种形式博眼球，吸引大众的注意。所有的物品基本都附有安全使用说明书，但里面也充斥了我们不想读的内容。生产商因为责任的缘故，在里面放入很多冗余信息，其中一些是律师专门写给陪审团看的，以免在发生诉讼时被抓到把柄。我现在穿的 T 恤里面缝着 5 个标签。我对上面写的东西一无所知，只知道它们让我感觉很痒。

与此同时，一些人非常乐意给别人提建议，只是为了有人能听他们说话。这让他们感觉自己很重要。正如查尔斯·肖所言：“那些好为人师的人……希望让你知道，他对你将遇到的情况了如指掌，因为他十分有经验。”[2] 面对这样的人，我们最合理的回应是置之不理。

理解不足

当我们在决定是否采纳建议时，往往面临一个问题：我们无从知晓给建议的那个人的思考过程。想象一下，你正站在自己刚租的房子或者公寓前，一个人从旁边的人行道经过，他看着房子旁边的一棵树，不友好地对你吼道：“让你的房东把树枝好好剪剪！”然后就走掉了。你该如何解读他的话呢？或许因为你已读了本章的前半部分，所以会追上前去，问他何出此言。于是他回答你：“松鼠。”然后继续往前走。你还是觉得好奇，接着追问他松鼠是什么意思。于是这个人终于停下来转过身，和你解释他是消防员。他告诉你说，信不信由你，那些住宅火灾中，2% 的火灾都要归咎于这种尾巴毛茸茸的小动物。为什么呢？因为它们会跳到阁楼和墙上啃房子里的电线，然后……噗的一声，就着火了。接着他伸手向你指出，松鼠可以从屋顶进入这些地方，它们是从树上跳到屋顶的。松鼠的平均跳跃距离是 10 英尺，这棵树的树枝距离你新房子的房顶只有 5 英尺。“所以，”他再次强调，“叫你的房东把树枝好好剪剪！”现在你总算明白他的意思了。[3]

一名即将在下一章出场的厨师曾给我分享过另外一名厨师的经历。当时他正在厨房里清洗绞肉机。绞肉机的说明书已特别强调，务必要拔下电源插头才可以进行清洗，厨师都知道这件事。但这名厨师并没有把这个建议放在心上，他觉得关掉机器再清洗就已足够安全了。然而当他擦拭刀刃时，围裙上的一个小环勾到了绞肉机的开关，将开关拨到了开的位置，结果可想而知。

我们自身

现在我们来了解负责交换建议的系统偶尔失灵的最后一个原因。这个原因听上去有些伤人。

另一个阻碍我们听从别人建议的是我们自身。我们认为自己是相当聪明机智的。绝大部分的研究已证明，90% 的人认为自己在几乎所有事情上都能排在前 10%。我们不喜欢自己对某事一无所知。但还有两件事情比一无所知让我们感觉更糟糕：一件是当别人知道我们不知道的事情时，另外一件是当一些无知的笨蛋竟然也跳出来给我们建议时。当我们听到建议时，也经常会出现一种心理学家称为“自我为中心地给建议打折扣”[4] 的行为。只要给建议的这个人没有在他提建议的领域里得过诺贝尔奖，这种现象就会发生。哪怕这个人或者此项建议已得到了部分认可，我们也会说：“我明白你的意思，放心吧，我心里有数。”然后走开。

当我们并未求助而他人给出建议时，这种现象尤为明显，无论这个建议是好是坏。[5] 即使是对最聪明的人来说，这也是个损失，因为往往人最需要建议的时刻就是我们以为自己心里有数，但实际上大错特错的时候。就比如在哥伦比亚街头的换钱交易中，若有人当时在现场出现并劝告我要去正规的货币兑换窗口时，我一定会回敬那个人："嘿，听着伙计，如果我需要财务上的建议，我会自己打电话给我的银行客户经理。多谢你的唠叨。"

这无疑是被情绪支配导致的结果。哈佛大学的弗朗西丝卡·吉诺（Francesca Gino）曾做过一项研究，在试验中她先通过人为的干预使参与者变得心情不好（看一段邪恶小人正作威作福的视频），之后让他们完成一个毫不相关的任务，并在旁边给出可帮助任务完成的建议提示。结果表明，处于坏心情的被试更少接纳建议。让我们换一种方式来描述：设想一下，你正在自助餐厅里排队等待取餐，排在你前面的医生建议你选沙拉，而不是高淀粉、高脂肪和高盐的主菜。你会不会对此置之不理，只因为你还沉浸在早晨上班时被某个司机恶意加塞而导致的坏心情中？我们真的会如此不理智吗？吉诺的研究结果证明，真的有可能。[6]

研究还指出，我们在得到建议时花费的金钱会对我们的判断有所影响。[7]吉诺对此做过另一项试验，内容为请被试回答一些难度系数较高的题目。在回答这些问题时，被试可以选择向组织者咨询，但有一个条件。吉诺告诉被试，若他们选择求助，她就会抛硬币，当出现正面的时候，被试就需要付钱；当硬币是背面的时候，他们则可以得到免费建议。试验的结果让人瞠目结舌：比起免费得到的建议，人们更愿意接受和听取付费得来的建议。请注意：无论付费还是免费，建议是相同的，但人们就是在掏钱后才更认可它。这就可以解释为什么有人会把免费的小册子直接扔进垃圾箱，哪怕它的作者是这个世界上最博学多才的人。为了你的健康、安全和幸福，我衷心希望本书是你花钱，而且付全款才得到的。

当然，若我们重复听到相同内容的建议，效果也会打折。在游泳池旁观察救生员几分钟，你就会发现，他们花费了一半以上的时间大声警告儿童，重复着那些顽童早已听腻了的内容，所以他们充耳不闻的反应也就不足为奇了。不要在甲板上跑！别再往你妹妹的脑袋上浇水了！你弟弟不是你的浮板！如此之类。没完没了的重复，显然没有任何帮助。

为什么我们通常不给建议

这个世界除了需要更多好的聆听建议者，还需要更多好的建议提供者：我们需要更多对事情真正有所了解的人，在正确的时间，通过恰当的理由，以正确的方式为他人提供建议。为什么我们没有做到适时地提出建议呢？

其中的一个原因是基于上文中的讨论，我们相信就算自己提出了建议也毫无用处。我们会担心，在自己开口后，对方能给的最好回应就是他们不想听或他们表示已经想到了，最差的回应则是反问我们有什么资格给他提建议。这就是为什么在不同的语言中都有一些俗语警告人们不要不请自来地提建议。在英语中，人们会说："Never give advice unasked（绝不要在没人询问时给任何建议）。"在西班牙语中，人们会说："Consejo no pedido, consejo mal oído（不请自来的建议通常不受欢迎）。"

我们在前面的章节中也给出了其他的原因：我们只是不想掺和进去；我们很忙；我不做其他人也会去做；等等。

我们有时会忽视要给出建议，原因是我们以为对方已经知道我们要告诉他的内容。我的一位朋友在他 30 岁生日那天烧伤了嘴唇，原因是他喝了杯烈火龙舌兰，他的朋友以为他知道要在喝前先吹灭上面的火。

我的那位哥伦比亚朋友确实已经提前警告过我了。他熟悉类似的陷阱，只可惜我没有听。早知如此，我还不如在到卡塔赫纳后就把钱包投进当地教堂前的募捐箱，也比这样被人骗走了感觉好些。

如何更好地提供和接受建议

如果我们能更好地利用人与人之间的信息交换和信息共享，我们就能活得更安全。问题来了：在实现这个目标的道路上，如何清除路上的障碍呢？

作为一个听建议的人，我们可以先暂时放下自己的骄傲，怀着更开放的心态去聆听，尤其是对那些我们认为他知道有用信息的人。三人行必有我师。同时，当有人给我们提建议的时候，我们要做的事就是请他们多提建议。这样做会帮助你挑选出知识渊博的人，从那里汲取知识，并使我们避免低估或忽略好的建议。

通常情况下，安全说明书里的建议都很重要，却常常最容易被人忽视。你要知道，它其中的内容都来自一个专门对此负责的团队，他们很在意你是否安全使用了，因为万一有不测，他们就要承担连带的医疗、法律和经济上的后果。我们也知道，这些说明书有时候写得过于严谨以至于有些啰唆，一些内容看上去甚至有些谨慎过头了。但别忘记前面提到的绞肉机例子，无论我们认为自己多么小心谨慎，这个世界上总有你意识不到的风险存在。在听说了绞肉机事故和读了《法医科学》杂志上题为《电锯致死：致命的颈部回击》[8]的文章后，我再看到有点危险的物品时，总会仔细地读一遍说明书，并严格遵守使用说明。

当我们确信自己所说的内容确实有价值，甚至可能扭转乾坤时，我们应该站出来，自信地说出来。研究结果显示，那些自信、权威的人给出的建议，通常更容易被他人采纳。[9]在前面提到的俱乐部火灾案例中，一名生还者在事后回忆称，当时他正向前跑，听到音响师大喊："别往那边跑！快来这边！"于是他改变了方向，追随这个声音，最终得以生还。他提到之所以自己会听从音响师的话，是因为他当时那种坚定的语气让人觉得值得信赖。设想一下，万一这位音响师当时的语气不是如此，而是犹犹豫豫，充满紧张或者声音轻柔呢？这个人还会相信他的话，活着逃出吗？

千万别高估他人能迅速听懂你的话的能力，也别低估他们将你的建议大打折扣甚至驳回你的建议的可能。请记得提供一些理论依据，也告知别人一些背景信息。假设我当年足够机智，在那位哥伦比亚的朋友给出建议后，我还能追问一句：为什么不要在街上换钱呢？他或许就会告诉我，和我刚刚去过的其他南美国家不同，在哥伦比亚换钱是十分危险的事。他也能有机会向我解释，之所以正规的货币兑换窗口收取高额的手续费，就是因为街上遍布着全世界最狡猾的骗子，以至于来哥伦比亚的游客并没有其他选择。当然，或许听到这里我会反驳他，告诉他我也很聪明，有能力识别出骗子的花样。而他会继续说，这些骗子每天都在做同样的事而且屡屡得手，我以为的雕虫小技和他们正在做的完全不同。他或许可以以这段话收尾："让我再给你一个建议：永远不要把自己的钱押到他人的游戏中。"这会是一个非常棒的建议，没准它就会奏效了。但现在回想起来，当年的我真的希望这位哥伦比亚的朋友给我来一番如此长的解释，为我分析世道人心吗？我觉得，并不会。

在被那个骗子用计谋打败并上当受骗后，我在酒吧里再一次碰到了这位曾提示我的朋友。我告诉了他自己的经历，他听完后拜托我说："*No te vayas con mala impresión de Colombia*（请不要因此对哥伦比亚留下坏印象）。"这回我听从了他的建议。未来的某一天，我还会再去的。

心理学家查尔斯·肖在 100 多年前曾说过："关于建议，无论是给予还是听取，一直以来都被以幽默的方式对待。然而，蕴藏在建议之下还有很多秘密等待被探索发掘。"本章的内容，即是我的斗胆探索和分享。

现在，我们的安全之旅到了一个转弯处。与前面几个章节的最后部分一样，我们似乎又一次把所有精力都花在描述我们的认知局限上了。然而在任何一种情况下，我们到底该怎样做的答案只有一个：视情况而定。前面提到的消防员给建议的那个例子，精妙之处在于他不但知道正确的做法，还能说出松鼠引起火灾的细节。我那位哥伦比亚的朋友所给的建议里，包含了在南美旅游小镇的种种生活细节。现在，是时候把我们刚刚在安全心理学上取得的证书挂在墙上，走上街头，开始学习那些能帮助我们在现实生活中避开风险的具体细节了。

第八章

看似安全的家庭环境

大约在260万年前，人类第一次开始用手使用工具。但因一时疏忽，有人不小心砸到了拇指，随即发出一声咒骂。尽管这种意外在早期就已出现，但使用工具的行为还是渐渐流行起来。人类发现使用工具对准备食物、狩猎、采集、耕种、制衣、砍柴生火和改善住所都大有裨益。早期的工具主要是由棍子和石头制成的，人们在那时就已注意到，工具能帮助人，也能伤害人。

260万年后的今天，大约有50%的意外伤害和死亡发生在人类使用工具时，而且可怕的是，这些伤害和死亡集中出现在同一个地方——家。一年当中，美国每15人中就会有1个人因为在家中意外受伤而去医院。[1] 将这个概率乘以79岁的平均寿命，我们就不必再怀疑这是否会发生在自己身上了，而应该想想它何时会发生。[2]

待在家中本身并没有什么危险。很少有人会在看电视、吃三明治或者睡午觉的时候受伤。只是当我们拿起一件器皿或者工具去烹饪、制作、装饰或修理东西时，麻烦就来了。在美国，仅 2014 年一年中，就发生了 333 527 例因使用厨房刀具不慎受伤而被送到急诊室的意外伤害。[3] 我在这里指的受伤，不是那种简单用水冲一冲，再包个创可贴就可以的伤，而是血像草坪上的自动洒水器般喷涌而出，导致你不得不去医院治疗的伤。因使用锅碗瓢盆而出事又给繁忙的手术室增加了 24 822 个病例，还有食品加工机（21 000 例）、搅拌机（10 000 例）、洗衣机（40 000 例）……没错，因为使用厨房用品和家用电器，我们受伤的概率大大增加了。现在让我们再移步到工作室和车库看看：因使用锤子而受伤的数目为 28 340 例，还有斧子（14 550 例）、锯子（3 590 例）、螺丝刀（7 241 例）、电动工具（400 000 例），别忘了还有链锯（29 687 例）。[4] 超过 14 万人从梯子上掉了下来，其中 97% 发生在“非职业环境”。[5] 换句话说，就是发生在家里。

出现这种局面的原因在于，我们使用工具时忽略了两条非常简单的准则，这两条准则早在人类发明第一件工具时就已经存在了。

为了解释第一条准则，让我们一起空降到某座教堂里，此刻正有两个窃贼在此作案。你看到他们用锤子敲打着螺丝刀的末端，希望用这个办法撬开安全门。突然，伴随一次猛烈的敲击，螺丝刀意外地飞了出去，掉下来时恰好扎到一个贼的眼睛。如果他们使用的是撬棒，就不会发生这场悲剧了。因为撬棒才是专门用来撬动东西的工具。它不会扎伤人，即使它滑脱出来，也始终在你的手中。这两个盗贼所犯的错误就是违反了使用工具法则中的第一个：使用了错误的工具。[6]

为了说明第二条准则，让我们来想象一下此刻的自己正在厨房里切百吉饼。当我们用刀切百吉饼的时候，应该把它放在案台上，而不是放在手里，让刀朝着自己的手掌外方向切。为什么？因为虽然绝大多数时候我们都能做到在刀即将碰到手掌时停下，但偶尔也会出现刀片被面包卡住，动弹不得的情况，你要用力上下活动几下，结果刀锋快速向下切到了手。这种意外难免发生，而我们可能要为此承担非常糟糕的后果。如果我们是用这样危险的方式切百吉饼的，就违反了安全使用工具的第二条准则：虽然我们选择了正确的工具，却操作错误。

违反以上两条准则中的任何一条，都会把我们置于危险境地，尤其是当其他的错误接踵而来时——我们将这种情形称为"滑动的错误"。接下来无论我们是正确地使用正确的工具，还是错误地使用错误的工具，错误带来的恶果必将上演。就像无论你对站在转椅上这件事多么有经验，早晚有一天这种危险行为会让你受伤。就算你曾经多次在手心里切胡萝卜而毫发无损，也许就在你切第 17 根的那天，因为一不小心走神，或者这根胡萝卜比之前的 16 根都更脆，导致最坏的结果发生，这一意外就此影响你的余生。是的，坏事就是这样不期而至的。

人类足有 260 万年的时间去反思这类错误。但为什么因此类疏忽而导致的伤害一直不断地发生，比如 2014 年美国发生的 1 052 757 起被送到急诊中心的案例？由此看来，遵守上面的两条准则，不犯这种错误是件非常非常困难的事。

到底是什么在引诱我们使用螺丝刀而不是撬杆去撬门，或者在手心里切百吉饼？让我们一探究竟。

用错误工具

如今的社会里，不管是在白天还是晚上，总是有人冒险站在梯子上，嘴里叼着一把螺丝刀，并把它当成自己的第三只手去捣鼓电线。螺丝刀是500多年前发明的工具，而且相关的使用注意事项也被强调过多次。然而，还是有数量惊人的病人会出现在急诊室里，带着嵌在自己身上的螺丝刀——毫无疑问，因为螺丝刀被错误地使用，因此出现在了不该出现的地方。

当我们看到一把螺丝刀时，脑海里似乎会涌入许多关于它的不恰当使用方式。它看上去可以用来打孔，或者撬开一些东西。身形看起来甚至还能当飞镖！诸如此类的想法到底都是从哪里冒出来的？当我们看到一件工具，或者一项待完成的任务时，我们关于它的思考过程究竟是怎样的？信不信由你，有科学家对此专门进行了研究。

20世纪90年代初，年轻的佐治亚理工学院教授亚历克斯·基利克（Alex Kirlik）深夜坐在亚特兰大某餐厅的柜台旁喝咖啡。基利克在此出现的原因并非整夜狂欢后来此醒酒，而是来工作的。他的工作内容就是在这里观察他人工作的情景。基利克会一边喝着过滤咖啡，一边看身边的人和他们自己手里的工具。他就这样静静地坐在那里观察，几个小时里一言不发。基利克对人们使用手边工具的方式着迷。当别的科学家忙着在实验室做试验时，基利克更喜欢在雄伟餐厅里四处逛逛，观察那里的厨师。

基利克并没有像其他心理学家那样看待工具。他在早期受到了J. J. 吉布森（J. J. Gibson）的启发。吉布森是一位心理学家，他非常好奇人们第一眼看到某件物品时会注意到什么。他一直致力于研究当我们看到一件东西时，是什么首先映入脑海，并成为我们最关注的事物的——比如说门把手。[7]基利克解释说，当我们第一次看到门把手时，并不会注意它的颜色或者材质，我们只关注能拿它做什么。吉布森将此解释为我们看物体时会看它的天然物质属性，这种属性告诉我们人类该如何使用它。他将这称为“行动启示”。“以门把手为例，”基利克说道，“当你看到它时，就会发现它的垂直高度和握手的位置相近，这说明门把手在邀请我们握住它，所以我们就这样做了。”

我曾经问过基利克，他所说的行动启示是否可以解释每年那么多人拿螺丝刀去做拧螺丝以外的其他事情，这些异想天开的用法导致了很多意外伤害发生。基利克对此并不感到惊讶。“当你把螺丝刀握在手里时，会觉得全世界都是螺丝钉，”他说道，“这太容易让人联想出使用它的无限种可能了。”所以，或许保证安全的办法就是关掉大脑中的“启示”按钮。这意味着当我们看到螺丝刀，脑海中跳出某个关于它的创意用法时，需要提醒自己：螺丝刀的用途只有一个，那就是拧螺丝钉。如果非得移作他用，很可能发生危险。

然而基利克完全不赞同这个想法。他毫不羞愧地告诉我说，他自己就经常遇到这种情况：要做一件事，但手头没有合适的工具，甚至根本不存在有此用途的工具。每当这时，他就会到车库里，看看有哪些工具可以使用。“然后我便在脑海里一一扫描它们，看看能不能获得些启示，”他说，“最终我总能找到工具来满足我的需求，虽然这并不是它的真正用途。就比如当我需要某件物品支撑某物时，或许最后拿到手的是一本词典。”

当我告诉他将词典用作查单词以外的其他用途，违反了安全使用物品准则第一条时，他表现得毫不在意。对基利克来说，能想到将螺丝刀或者字典作为他用绝对是一种有创造力的表现，而且也正因为这样，人类才能生存和进步。我和他说了自己曾随手拿起身边的椅子，站在上面给烟雾探测器换电池，结果摔了下来的事。在听完我对此事耿耿于怀的讲述之后，基利克对我说，其实能够找到临时替代物是很有必要的，因为早期人类正是靠这个才摘到了树上原本够不到的果子。谁找到并且使用了工具，谁就能尝到甜头。那些机械地执行准则一的人会一无所获。

然而创造性地使用工具是每年成千上万人被送上救护车的罪魁祸首。我不禁想到，这其中一定还有个折中的方案，基利克对此也表示认同。并不是每一次创造性地使用工具都会让人们受伤。例如我在医院的急救档案中就找不到因为将词典移作他用而受伤的案例。

这其中的诀窍就在于辨别哪些工具更容易让我们受伤，哪些不会。这也正是我们的局限所在。

如果我们以吉布森提到的方式来看待世界，那么创造性使用工具的想法会很容易出现在我们的脑海中。然而，能够同时想到将工具移作他用也可能引发危险，做起来就没那么容易了。这让我想起在前文中提到的，厄廷根所说的“乐观主义”和基思·斯塔诺维奇所说的“认知吝啬”。我们总是很快看到成功的产出或结果，却不会花时间仔细想想这样做可能会带来的风险。套用丹尼尔·卡尼曼的认知理论，将工具移作他用通常是大脑的系统一在工作：人们看到了，然后毫不犹豫地就做了。要看到这样做背后的风险，需要系统二介入，人们进行缜密的思考，通常情况下人们是不会让自己停下来这么做的。比如对于螺丝刀或者其他与之类似的工具，人们很容易发现它除了拧螺丝以外的其他用途，却意识不到其背后暗藏危险。

在经过我们富有成效且多次的讨论之后，基利克想出一个名字，用来表达使用工具背后的隐患，他称为“伤害启示”。

工具对了，方法错了

鉴于我们创造性地使用工具的能力，当我们看到螺丝时，会不由自主地想到使用螺丝刀也就不足为奇了。没错，我们有时能做到直接选择正确的工具，但这并不意味着我们因此就能正确地使用它。

想象一下，此刻的你正在用螺丝刀拧一个非常牢固的螺丝。它很难被拧动，所以你身体前倾，使劲向下用力，然后……螺丝刀突然从你的手中滑出来，扎向了旁边。还记得安全使用建议里提到什么吗？如果你的回答是“让另一只手远离”，没错，正是如此。根据急诊室的档案数据，因为使用螺丝刀不慎受伤而被送往急诊的人中，有 67% 是伤到了另一只手的手掌或手指。[8] 安全使用螺丝刀的关键在于：确保你使用的是和螺丝大小匹配的型号，并让没有握刀的那只手远离。我们通常建议你使用虎头钳，而不是另一只手去固定螺丝，这样即使螺丝刀偶尔从手中滑出，你也不会有受伤的危险。使用厨房刀具也一样。当你切菜时，我们建议你负责按住蔬菜的那只手的手指保持弯曲，这样在意外失手时，刀刃才不会落到指尖上。切百吉饼的时候，最好将一只手放平，按在百吉饼的上方，另一只手从侧面下刀切开，这同样是为了保证当刀突然滑脱时不会伤到另一只手。以上才是“正确使用工具”的确切含义。让我们再来看看本章开头提到的那些意外伤害的例子。你会发现，因为我们经常偏离这些正确使用工具的方法，所以才受伤。

这和我们在前文中提到的人们通常没能做到未雨绸缪的情况很类似。不过基利克对此做了更进一步的表述。他认为，即使我们做到了停下来先想一想，但若无法从更大的视角审视全局，还是会有受伤的风险。“当我们使用工具时，并不会考虑没拿工具的那只手在干什么，”基利克说道，“我们也想不到使用它时自己的姿势是否正确，身体是否平衡，或者自己所处的位置是否适合。而这些都会对结果有所影响。”

我还记得自己从梯子上摔下来的那次经历。当时我正站在距离地面 6 英尺高的地方粉刷墙壁。我小心翼翼地遵守着使用梯子的规则，没有爬到最高一级。不过之后当我发现左边墙上几英尺近的地方有一个斑点时，就不假思索地想伸手擦掉。结果梯子开始倾斜，我也掉了下去。本来我不知道梯子下面有什么，现在知道了。我以胸部先着地的姿势摔在沙发的后面。巨大的冲力让我觉得自己肺部的空气都被挤没了。我还记得当时依稀听到或是感觉到了东西摔碎的声音。被送到急诊室后医生发现，原来是我的几根肋骨摔断了。

事发后我才注意到，我用的那把梯子上贴着一张安全警示图。内容就是一个人和我做了同样的事情后摔到地面上的场景。值得肯定的是，我当时确实做到了事前停下来想一想，所以我才从楼下搬来梯子，没用旁边厨房里的高脚椅。但正如基利克所说，为了确保安全，这种时候我们需要后退一步，从全局考虑问题。若能做到这一点，我就能发现自己要做的事情需要拆分成几步，每一步都要先挪动一下梯子，才能安全够到眼下碰不到的位置。我也应该先仔细检查一遍梯子，这样就能看到那个警示图。

如何做才更安全

这个问题已经存在几百万年了，而且只要我们不彻底转变使用工具时的观念，问题就将一直存在。让我们来回顾下改变使用工具所带来的风险，以及我们具体需要应对哪些挑战。

我们已经知道，工具有时会让我们将警惕之心抛在脑后。它就像一个小恶魔，引诱我们花样百出地使用它，其中却暗藏杀机。专家告诉我们，对工具新奇用途的探索对人类进步和发展而言不一定是坏事，所以我们就更难抗拒这种诱惑了。专家坚定地捍卫人们偶尔“不恰当”使用工具的权利，同时专家也承认，我们需要对此划定一个合理的范围。

所以我们到底该如何行事呢？让我们再来回顾下之前给出的建议。

我们面临的第一个挑战，是在使用工具之前，先预想一下这样做可能出现的风险，而不是只想着得到的益处。当我们想拿螺丝刀去撬开金属盒时，会自然而然地勾勒出一个画面：巧力轻轻一撬，盖子立马就打开了。但我们也得预想一下，万一螺丝刀的刀头在这个过程中突然折成两段，下面的一段飞出去该怎么办？若我们真能做到这一步，并想到由此可能出现的意外伤害，就会放弃使用螺丝刀，乖乖去找一个撬棒来了。

我们的第二个挑战来自后退一步，做到纵观全局，而不是仅考虑手中的工具或器械。为了防止你忘记，现在我们来讲讲那些因错误使用螺丝刀而受伤的人中，剩下 33% 的人伤到了哪里。我最近读了一篇讲眼穿孔的文章，里面提到因错误使用螺丝刀而受伤的人中，有 9% 的人伤到了眼睛。除了手指、手掌和眼睛，排在第四位的是人脸，占 7%。如果你认为嘴受伤已包含在脸部的数据里，那你就错了。嘴作为单独的受伤部位排在第五名，占比 1.5%。还剩下 15% 的数据并没有列出，我们就先到此为止吧。相信我，你一定不想知道更多了。

我们的第三个挑战是要将这些想法融入日常生活中，确保自己在每拿起一件危险物品时，都能做到先仔细想清楚。乍一想，这似乎并不困难，从现在这一刻起就能做到。令人遗憾的是，实际执行起来要比想象中困难得多。

这个例子还是发生在我自己身上。有一次，我踩在椅子上更换吊顶材料。当我仰着头时，感觉自己很难保持身体平衡，可我还是坚持这样做，不肯下楼搬梯子。这次受伤距离上次我从梯子上掉下来摔伤肋骨仅仅过了 4 年。我当时是怎么想的？我知道自己不该那样做，可还是在心里说：“就这么一下，马上就好。肯定没问题的。”

人太容易有侥幸心理了。就这么一次。马上就好。放心，我很快就搞定。每当我们感到着急，有些犯懒，或自我膨胀的时候，我们就喜欢做事偷工减料，此刻正是危险最容易发生的时候。

还有一个难题，就是绝大多数人并不知道自己有哪些工具，以及这些工具到底应该怎样使用。一些人甚至不知道世上存在撬棒和撬杆。对他们来说，若要去教堂偷盗，螺丝刀是撬门时唯一能用的工具。人们是如何学习使用螺丝刀的呢？到目前为止，我买过很多把螺丝刀，没有一把附有使用说明书。我们是通过观察别人学会如何使用厨房用具及其他工具的。小时候，父母、亲戚和朋友会向我们演示他们是怎样使用的。然而我们从别人那里学到的使用方法一定是正确的吗？统计数据表明，事实并非如此。

一些工具和家用厨房电器会附上使用说明书，但多项研究已表明，绝大多数人并不会读说明书。[9] 杰克·卡罗尔（Jack Carroll）是我最喜欢的设计思想家之一，他曾详细阐述过这种现象。他解释道，很多人都认为，不读说明书，先试一下再说是不可侵犯的权利。在《纽伦堡漏斗》（*The Nürnberg Funnel*）一书中，卡罗尔指出让人看说明书是一件非常困难的事，因为人类的“出厂设置”和咖啡机不同：我们无法做到静静地待在那儿，等着相关的知识从头顶灌输到脑子里。就像基利克曾提到的，人类早期赖以存活的原因之一就是我们遇事能更加灵活自如。

我不由自主地想到，如果所有人都能在使用工具前被正式培训一番，又将会是怎样的情景？就比如在我们开始用刀切洋葱前，需要先完成主题为“如何正确使用厨房刀具”的课程。在使用手工工具、梯子、洗衣机、熨斗以及其他工具和电器前采用这样的方式，会使我们在上文中谈到的受伤人数有所下降吗？我想到了一个办法找寻答案：请教专家。

在成为公园大道广告公司的艺术总监之前，特洛伊·本森（Troy

Benson）曾在圣巴巴拉、旧金山和曼哈顿的四星级餐厅当过厨师。在我打电话给他时，他详细地为我介绍了厨师需要接受安全培训，以及专业厨房是如何通过规范化的布置以落实这些安全准则的。他提到了餐饮行业专用的“餐前准备工作”这个概念，意思是将厨房中的每一件工具都摆放在恰当的位置，以便提升工作效率，保障后续的使用安全。“如果你是右撇子，你的刀就要放在右手附近，”他解释道，“而且那里应成为你不使用时，固定放刀的位置。你不能一直把它拿在手里。”

本森接着告诉我说，他曾经没有遵守这项规则，“有一次我违规，一只手握着刀，碰巧当时有人让我接住一些东西。我看着要接住的物品，结果刀割到了我的手。”他描述道。“我的小指、无名指和中指都被切中，甚至伤到了骨头。为此我不得不做了手术。直到今天，我的手仍会感到刺痛。”

他并不是没有意识到自己拿着一把刀。但他解释说，作为厨师，一旦忙碌起来，就会不由自主地去切手边的一切东西（有时甚至是手指）。“当时太忙了，我告诉自己说，我应该停下来，花两分钟时间整理手中和周围的物品。可惜我并没有，之后意外便发生了。”这和我站在椅子上时对自己说“我真不该这样做”如出一辙。

接受过培训的厨师，无论是多么正规的培训，也还是会有用错工具的时候。本森开始给我讲发生在厨房里的故事。“就比如现在烤架脏了，”他说道，“你拿着刀背去刮烤架上的肉屑，却把刀掉在了烤架里。于是你又拿钳子夹刀，结果就烫到了手。”本森说这类事情在厨房中经常发生。“我甚至见到一些人握着12英寸长的刀去切新鲜的、极为细小的迷迭香。那架势就好像他们手里拿的不是刀，而是一台自动除草机。”

我情不自禁地想到，受过专业化培训的厨师，本应更加谨慎细致，却在有了经验，积累起自信之后，盲目地认为一切尽在掌握，最终把自己变得和其他未经培训的人一样粗心大意。在讨论工作场所中的危险的章节里，我们会展开讨论这个问题。

厨房老手尚且如此，相比之下，我们这些非厨房专业人士呢?我从没有一晚上切100根胡萝卜的经验，所以很难想象自己有足够的经验和自信拿着一把12英寸长且无比锋利的刀。对我这样的厨房业余选手来说，了解一些相关的知识或许能让自己更安全。我问过本森，是否曾给那些在家里做饭并且看上去很需要提醒一下的人一些建议？比如不要在手上切百吉饼。本森回答道：“当我去别人家里时，会发现一些人在手上切苹果或者洋葱。我也曾提出建议。但我发现，并没有什么效果。”

因一时兴起，我在网上找了找是否有在旧金山开设的厨艺课程。我很快找到了一个名为“刀具使用技巧”的课程：上午三个小时，建议学员不穿露脚趾的鞋，课程费用是65美元。这门课已经被报满了。所以，当人们能从有光鲜履历的专业厨师那里得到免费的使用刀具的注意事项建议时，竟然还会不高兴？“是的，他们确实感到不满。”本森回答道。

一周以后，当我试图用一把抹黄油的刀打开花生酱的瓶盖时，我才意识到我们是多么顽固。看来这不仅仅发生在他人指出我们的弱点后，哪怕我们已被告知要如何做才能更安全，也还会坚持自己之前的错误方式。确实，想要做到在家里更小心谨慎以保障安全并不容易。这种让自己更加小心谨慎的想法一定要源于我们的内心，而非外力强迫，才会真正有效。这是一个艰难漫长的过程，但至少现在你已经知道我们需要面对的挑战都有哪些了。

第九章

热衷冒险的孩子

你是否有头痛、失眠、恶心、呕吐、压力、焦虑、担心、抑郁和财务状况混乱这些问题？如果答案均为肯定，那么你应该是得了一种名叫“养孩子”的病。此病病因明确，只可惜无药可治。如果你已身染此病，就一定要看看本章的内容。

孩子能唤起我们年少时的记忆，那时的一切都是新鲜和令人兴奋的。对你来说，即使是花掉辛苦一天赚的钱去吃顿大餐，你也可能会因为最后的一道青豆不尽如人意而闷闷不乐。而对于小朋友，只需给他一个纸盒，就能让他开心地玩很久了。不过这其中也有个问题。小孩子太活跃了，比起他们那些创造性地探索周围一切的行为，大人使用螺丝刀的方式真是小巫见大巫。孩子身上集合了前 7 章讲到的所有问题，并以噩梦般的方式组合上演。成年人至少有时还会注意防范风险，而儿童对此完全不关心。他们会无休止地制造各种麻烦。自出生起，他一旦学会让自己的手和脚动起来，就会开始做出各种极具危险的行为，仿佛自己是个勇士，来到这世上就是为了实践花样找死的一万种方式。未雨绸缪？绝不可能。同理，提醒和警告对他们来说也是左耳进右耳出。

所以，我们该怎样保障他们的安全呢？在过去的几百年中，人类为此付出了无数的心血和努力，就像我们花心思来保障成人的安全一样，甚至有过之无不及。如今，儿童的受伤概率仅是成年人的1/6。让我们看看最近25年的情况。图4显示了在3个不同年龄组中，美国未成年人发生意外身亡的统计数字。此处出现了本书当中最好的消息之一：因为持续的努力，我们在保护一岁以上的儿童方面取得了卓有成效的进展。然而，尽管如此，目前的伤亡数字仍然令人震惊，这是一个坏消息。在去年的一年当中，美国有4 000例儿童受伤[1]，全世界有630 000例。美国国家安全委员会的儿童安全专家埃米·阿图索（Amy Artuso）曾对我说："受伤仍然是儿童致死的最主要原因，然而它并未引起足够的重视。"所以，让我们从今天起开始重视。

在我还是孩子的年代，小孩子可以轻易地接触到塑料袋、游泳池、楼梯、药品、有毒化学物品、火柴等几乎任何他们想要的东西。记得有一次，我在父亲平时放袜子的抽屉里找出一把瑞士军刀（一种军事降落伞兵用刀）。于是在接下来的几个小时，我就在镜子前来来回回地摆弄它，乐此不疲。这比电影《出租车司机》（*Taxi Driver*）的上映时间还早了几年。

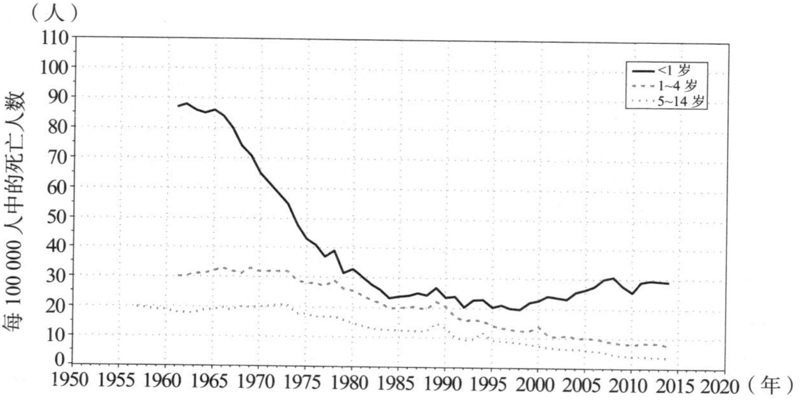

图 4　美国未成年人死亡率逐年统计表（按年龄分组）

所幸今天已不再如此。如今你在很多地方都能看到“危险物品，远离儿童”的警告。锅柄朝里放；遮住电源插孔；清洁用品要放在高处。许多安全提示都在提醒我们遵守这些多年积攒下来的安全经验教训：给家中的楼梯安上阻隔门，为后院的泳池装个围栏。图 4 显示了近些年人们在安全领域所取得的进展，这多数要归功于我们遵守了这类安全提示和使用了类似防范措施。我们在第 5 章里已讲过了为什么未雨绸缪会更有效。

我父母当年对我采取的首要防范措施就是：无论我做什么，都紧紧地看着。他们的看管更多是回应型的。估计若当年有人看到我拿着那把瑞士军刀，一定会说：“喂！你拿它干什么 ?!”然而在最近的 50 年当中，有关安全的提示已如此普遍，这能让我们在应对风险时采取更好的办法：主动出击。众多有关安全的提示和设备给了我们提前做好计划，防患于未然的机会，能帮助我们有效地避免所有可能发生的意外伤害。

随之而来的问题在于，我们正处在一个新危险不断出现，需要不断增加新的安全提示和设备的时代。然而，总是在数量众多的伤亡事件发生后，某种危险才成为血泪教训，被纳入防范体系之中。而发现这些危险是只属于研究人员的枯燥工作，他们要研读堆积如山的死亡证明，从中寻找和总结受伤和致死原因。一些死亡证明的内容十分详尽，有些则过于简单，让研究者不得不猜来猜去。到最后，大量的提示信息超出了我们能够记住的范围，只有最常见的才得到了媒体的关注。就比如，我就从来没见过任何牌子提示儿童不能使用瑞士军刀。

最近一条引起我注意的安全提示是："把药收好，放到儿童看不到也够不到的地方。"这条提示让我开始从小朋友的角度去看待这件事。为什么小孩子会想尝治疗高血压、偏头痛或持续性指甲真菌的药片呢？第一，因为他们看到了；第二，因为这些药片看起来很像小粒的糖果；第三，因为他们知道你不希望他们拿到这些小药片，如此一来这件事就变得更加有吸引力了。这就是安全提示要把"看不到"几个字加上的原因，写安全提示的人太了解儿童的心理了。

我们现在谈论的是要找到安全提示的核心所在，并把它应用于所有情况中，而不仅是应用在使用电线插座或者对待药品时。当我们和自己的宝贝一起走进一个房间时，需要先观察下周围，并问问自己"哪些可能会是危险所在"，然后立刻采取行动，不要等到问题出现之后才补救。要想做到这一点，就需要站在孩子的角度去看待这个世界。这对我们的共情能力是个极大的考验：把自己放进那个娇小的身躯，去揣摩他的小脑瓜里可能在想些什么，又会怎样做。如果我们能做到如此，那么我们的共情能力和事前主动出击的本领就成了照看孩子时的首要能力。毫无疑问，我们还得留意他的举动，因为有了我们前面的未雨绸缪，这已变成了我们的第二道防线。

照顾孩子的另一个挑战在于，他们无时无刻不在长大，所以需要关注的潜在危险也随之千变万化。对婴儿来说，地上的一粒葡萄就是危险物；而对一群 14 岁的孩子来说，这粒葡萄不过是他们骑车路上一个微不足道的小障碍。所以接下来让我们以发展阶段为划分标准，试着站在儿童的角度，去看看统计数据告诉我们的，不同年龄段的小孩都有哪些潜在的意外伤害。

婴儿

让我们来想一想，婴儿都可以做哪些事。翻滚、爬行和抓东西。他们只会做这三件事，又能有多少危险呢？为此，让我们先趴在地板上，想一想各种可能。小婴儿确实不可能做出开车奔到拉斯韦加斯，在赌桌上刷光你的信用卡额度这种事。他们只会坐在那里，然后又倒下。若想换个地方，他们就只能靠翻身、爬或者蹒跚地走两步。如果他摸到了什么东西，就会把它贴在嘴上或者吃进嘴里。这几乎已包含所有可能了。只会这些能有什么危险呢？请往下看。

窒息

2013年，在所有婴儿意外死亡的事故中，超过81%的死亡是由“机械性窒息”导致的，这一问题仍在逐年恶化。什么会导致婴儿发生窒息呢？原因太多，不胜枚举。不过只要你想象一下自己只会（甚至不会）翻身，只会（甚至不会）抓东西，只会（甚至不会）爬，就能想到你可能会陷入什么困境中，或者摆脱不了什么麻烦。婴儿需要很多睡眠。我们来看看婴儿床、成人床、沙发或其他供婴儿休息的平面：他们的脸是否会被夹在两个垫子中间，或者床垫和墙壁、框架、防护围栏之间？附近是否有什么东西会阻碍婴儿的呼吸？“枕头和毯子是两个主要原因。”美国国家安全委员会的阿图索说。她指出，一些成人认为会增加舒适性的物品，对婴儿来说却有致命的风险。美国国家安全委员会的统计数据表明，在机械性窒息导致的婴儿死亡中，导致窒息的物品中有40%是枕头、毯子、玩具之类的物品。[2] 一家儿童安全机构的网站就婴儿床的布置问题给出了建议：“空无一物是最好的睡眠环境。”[3]

他们在清醒的时间，就会四处爬（一旦学会后），并把手能碰到的东西都送到嘴里。当婴儿在地上爬时，周围是否有塑料袋或其他能够到的东西？比如刚拆下的包装纸？24%比例的机械性窒息是由类似这种情况造成的。半球型的蛋壳，就像包装糖果时用的那种；储藏食物用的塑料盒；婴儿监控器的电线；布帘或百叶窗的拉绳；这些物品都已被列入需要注意的列表，因为它们已造成多起婴儿意外身亡。当成人和婴儿睡在一起的时候，可能会发生被研究人员称为“遮盖”的风险，这是8%的婴儿发生机械性窒息死亡的原因。“也许家长本是出于好意，在睡觉时抱着孩子或者让孩子睡在旁边，原以为这样可以更好地照料他，实际却导致了更高的致死风险，”阿图索说道，“这并非是有意为之，很可能是因为疲惫的家长在深夜里搂着孩子的时候，自己也睡着了。”

除了上述提到的原因之外，只要是能完全遮盖婴儿口鼻，或限制婴儿呼吸到新鲜空气的物品或地点，都值得注意。我们也遇到过一些案例，婴儿即使能够在一个狭小的空间内保持呼吸——比如在嘴和枕头之间、沙发后面，或者对着一堵墙这类仅能提供有限空气的地方，也有可能会因窒息身亡。原因在于，此时他们吸入的是呼出的二氧化碳，能得到的氧气太少了。所以，我们要注意所有可能限制婴儿自由呼吸新鲜空气的情形。

几乎所有的婴儿窒息身亡都是在悄然之间发生的。其中一些窒息发生时，甚至有婴儿的兄弟姐妹或父母在场。在场的孩子会说，他完全没有听到任何异常的动静。让一个孩子去照看或者盯着另一个孩子，往往会以失败告终。解决问题的核心在于我们要杜绝引起这种风险的可能，才能真的确保安全。

掉进澡盆、马桶或者水桶中

统计数据显示，5%的婴儿意外身亡是溺水造成的。你或许会认为这都发生在游泳池，确实有，但为数不多。更多的溺水发生在澡盆、马桶或者水桶这类地方。一个小宝宝可能前一秒稳稳地坐在那里对你微笑，下一秒就摔倒再也起不来了。1/4 的溺水就发生在大人临时出去接个电话或者取条毛巾的时候。美国国家安全委员会的阿图索指出，事先考虑周全这个习惯需要我们时刻谨记在心。“一些家长给孩子洗澡洗到一半时，才发现自己忘拿香皂和毛巾了，”她解释说，“这很危险。你需要在此前把所有物品都准备齐全，并保证即使中途电话响起，也不去接听。”阿图索坚信，当一个孩子在水盆里时，需要家长投入百分百的时间和百分百的注意力，以防万一。

另外 1/4 的溺水发生在婴儿被另一个儿童照看时。我们之前已经提到这样做的危险。你最好完全别动这种念头，因为即使是成年人也可能因一时疏忽而酿成大祸。儿童只会更甚。

澡盆尚可理解，竟然还会淹死在马桶或者水桶里 ?! 是的，你没有看错。许多小宝宝都被允许接近或使用家中成年人用的马桶。我们也经常把水桶或者其他装修时用到的桶放在院子或者门廊下收集雨水。即使是很少的一汪水，对婴儿来说也是非常危险的。因为婴儿出生时只有成人体重的 4%，头部重量却是成人的 63%。这种不均匀的重量分布导致幼儿非常容易大头朝下摔倒。如果摔倒时恰好附近有水，情况就非常危险了。这绝不是一件可以掉以轻心的事，因为发生这种意外的例子并不罕见。“我的一名小患者就是因为大头朝下栽进马桶里，才被送到我这里来的。”美国旧金山的儿科医生蕾切尔 · 马利娜（Rachel Malina）告诉我说。“还好她妈妈发现及时，否则后果很严重。”猜猜我在此之前问过多少儿科医生才听到这样一个获救的案例？没错，这样的案例只有一个。

因噎窒息

吞咽食物是一项需要学习的技能。婴儿已具备吞咽的基础，但是他们的食道很窄，非常容易被阻塞。当有东西进入食道时，他们还没有学会通过有效的咳嗽把卡住的东西吐出来。通常需要几年的时间，婴儿才能具备这种能力。

然而这无法阻止小宝宝把食物塞进嘴里的热情。这也是为何因噎窒息是导致儿童意外伤亡的重要原因。在 2014 年，153 名儿童因噎窒息而身亡。美国儿科协会指出了一些典型的危险食品：热狗；坚果和果仁；大块的肉或奶酪；整粒葡萄；坚硬的、胶质的或者黏性的糖果；爆米花；块状的花生酱；生的蔬菜；葡萄干；口香糖。但我们不能仅仅考虑清单上的食物，因为它永远无法包含全部。我们需要仔细辨别，判断要给孩子吃的东西是否有阻塞气管和食道的风险。阿图索对此有一番令人难忘的描述："可以想想卫生纸的卷筒口大小，"她说，"所有大小接近它的物品，对儿童来说，都有窒息风险。"

除了做到让危险食物和物品远离儿童，如果人们还能学会一些针对因噎窒息时的急救知识，也会大有裨益。应对这种情况并不困难，或许你早已掌握了。难点在于针对不同年龄的儿童，要使用不同的治疗手法。美国红十字会制作了相关指南，《儿童急救、心肺复苏、自动体外除颤器》对这些内容进行了详细讲解。[4]

爬行导致的跌落

"我见到最多的意外伤害就是婴儿从床或者沙发上掉下来，"马利娜告诉我，“这通常会导致头骨破裂。”她说的没错，根据一项发表在2004年《儿科》杂志上的研究结果，在导致婴儿非致命意外伤害的原因中，跌落排在第一位（占比61%），这其中主要是婴儿从家具上坠落，如床、沙发和桌子（占比23%）。[5]“我的一位病人就是在厨房桌上玩弹力椅，结果弹着弹着就和椅子一起从桌子上掉下来了。”

此类坠落伤害中，另外的6%是从楼梯上掉下来。我们都听过别人的建议，有了孩子以后一定要安装楼梯安全护栏。但一项来自英国的研究发现，有25%参与调查的家庭并未安装楼梯安全护栏，有50%的家庭报告虽然已安装了安全护栏，但平时却总是开着。[6]我的两位朋友和我分享了一个当年他们亲身经历的事。现在他们的女儿萨拉已经上高中了，在她还小时，他们住的公寓里地毯很厚但没安装楼梯安全护栏。那时萨拉刚刚会爬，有一天两个人突然发现，小婴儿萨拉不见了！正要问对方孩子在哪时，他们听见砰的一声，然后是东西滚下楼梯的声音……幸运至极，萨拉并没有因为这次意外而受伤。他们立刻改变了之前的习惯，直到现在，一想起这件事他们依然后怕不已。

从窗户、高脚餐椅和床上跌落也是婴儿受伤的常见原因。这就是要使用窗锁、餐椅安全带和护栏的原因所在。然而只有8%的受访对象表示他们会在用高脚餐椅时坚持给孩子系上安全带，只有13%的人提到他们会给窗户上锁。

1~4 岁

在孩子安全度过了 1 岁的婴儿阶段后，新的挑战就来了。那个只能在方寸之间移动，只能触碰到距离他们手边很近的东西，只会关注眼前的事物，东西被移出视线范围就认为这个物品已不存在了的小宝贝已经一去不复返了。一旦学会了走路，他就有了更大的活动范围，朝目标前进的速度和准确度也提升了。他们能够到多高的位置呢？可能比你还要高，这完全取决于他们正踩着什么在爬高。此时，他们的视觉和深度知觉已发展得足够成熟，能够让他们发现更远的地方还有哪些宝物。当你把一样东西从他的视线范围内拿走时，他会立刻记住这件物品，随时准备伺机再次把它翻找出来。1 岁的小朋友已经可以做出一个完整的捣蛋计划了。

再一次，与之斗智斗勇的核心在于你要从对方的角度考虑问题，设身处地地了解他们。《洋葱》杂志里的一篇文章写道：

> 任何懂我的人都会告诉你：我一定要得到自己想要的东西。无论是食物、被你拿走的玩意儿，还是奶嘴——随你怎么叫它，一旦我决定了，就会坚持到底，不眠不休，想尽一切办法努力得到。知道吗，自上周看到你把那些红蓝相间的洗衣球从购物袋中掏出的那一刻起，我就已下定决心，无论如何也要把它拿到手品尝品尝。

能够预防危险发生的核心就在于像孩子一样去思考。尤其是能像上面这个孩子一样去思考。让我们从孩子的角度去看看，他们会遇到哪些麻烦。

跌倒

孩子会站立和走路之后，那些之前由爬行导致的跌落受伤，变成了由走路或奔跑导致的跌倒受伤。楼梯就是此类危险的高发地。大多数在此发生的事故都源于孩子想完全靠自己上下楼梯，但此时他们尚不具备这项能力。不过，让我们再想想《洋葱》杂志上的那个小孩。在被送到急救中心的 2 岁儿童中，4% 的小朋友是因试着从楼梯上跳下来，或者骑着三轮车下楼梯而受伤的。[7] 毫无疑问，这是一个被低估的统计数据，因为还有很多并没有被计入的实例，比如那些骑着三轮车下楼只受了轻伤而没被送到医院的小朋友，以及骑着三轮车下楼但毫发无损，过后还比着胜利手势的小朋友。[8] 此处的重点信息是：楼梯安全护栏依然是至关重要的设施。

许多人是在付出了惨痛代价后才意识到小孩子有多擅长攀爬登高的。他们很强壮，体重又轻。儿童每一英寸的高度大概对应一磅的体重和与之相应的肌肉，这意味着他们拥有汽车工程师所说的良好的功率重量比。你想象一下身高 1.7 米、体重只有 30 千克的人，就能明白了。[9] 孩子们都喜欢蜘蛛。有一首广为流传的英文儿童歌曲，名字就叫作《可爱的蜘蛛》。可麻烦的是，一旦孩子有机会让自己脱离地面，危险就来了。还记得吧，我们说过关键就是像孩子一样去思考。当大人看到的是一张舒适的床时，孩子看到的就是蹦床或者发射台。我们打开窗户是为了让新鲜空气进来，孩子会认为打开窗户就是为了跳出去玩耍。对他们而言，书架就是攀爬墙。电视机就是用来和画面里的小人对打的玩具。楼梯就是一个滑梯，弟弟要先滑下去，以确保这个滑梯是可以滑的。对他们来说，这个世界就是大型游乐场。

因为多数的摔倒都是因儿童攀爬所致，所以我到一个地方后会先看看周围是否有能让孩子爬高的物体。如果我是他，可以在哪里施展自己登高的本领？任何能让孩子爬上去的地方，同样会让他们摔下来。有时摔倒的原因并不是他们没抓紧，而是因为他们攀附的物体掉了下来，他们也就跟着摔了下来。“一些孩子会把梳妆台上的抽屉抽出来，然后像爬楼梯一样试图登上去，”马利娜说，“梳妆台并没有被固定在墙上，所以它就掉了下来。”因为生活在地震频发的国家，我经常会提醒人们把家具固定到墙上。现在看来，地震并非是要这样做的唯一原因。

溺水

在美国，每年约有 1 000 个年龄在 1~4 岁之间的幼童发生溺水事件。早在 1995 年，美国青少年每 10 万人中就有 3 人因溺水而亡。到 2000 年，这个数字还是 3，而 2011 年是 2.7。多年过去了，我们在这件事上未取得什么进步。悲剧还在不断上演着。

40% 的溺水事件发生在泳池。孩子并不仅是在游泳时溺水，有时只是因为经过泳池旁边而不小心掉进去，当时没有家长在身边。“又或者，他看到水里漂着个好玩的东西，想伸手去拿，结果就失足掉下去了。”美国国家安全委员会的儿童安全专家埃米·阿图索说：“家长往往认为，他们至少能在落水时听到水花的声音，然而事实并非如此。当意外发生时，他们听不到任何声音。”是否在泳池旁安装围栏也许只是一念之差，结果却是生死之别。围栏可以有效地隔离儿童接近泳池，但你也别忘记了，孩子可是攀爬高手。所以关键就是要在泳池周围安装儿童无法爬过去的安全围栏。1994年时曾有人专门研究过幼儿攀爬围栏的能力，结果令人十分震惊。对能做到未雨绸缪的我们来说，还要面对另外一个问题：如果孩子去别人家里呢？说不定他们家没有孩子，所以他们并未安装护栏（或者采取其他的安全措施）。忽然之间，一个你之前在家从未考虑过的问题就这样猝不及防地出现，让你不得不思考。

天然水域是儿童溺水事件的第二高发地，占溺水事件的20%。你不可能在池塘、湖泊、河流或海洋周围安装围栏。若是你家住在这些地方附近，阿图索也给出了一些建议，以确保儿童安全。她强调一定要确保大门平时是锁住的，并提到可以使用门铃提示，就像我们走进一家商店时，店里会有声音提示有人来了。

热的，重的，尖锐的和有毒的物品

当我们无意间让孩子接触到危险物品，另一类意外伤害就出现了。将这类意外风险降到最低的办法，就是把家中的危险品放在固定且安全的位置。欧洲儿童安全联盟在阿姆斯特丹进行了一项横跨 14 个国家的研究，结果显示很多家庭并不是这样做的。[10] 我家里的每一把刀都装在安全防护套中。这项来自荷兰的研究表明，只有 38% 参与调查的人会这样做。我家有毒的物品都会专门放在有儿童锁的橱柜中，调查显示只有 49% 的欧洲人会这样做。在我家，大人每次使用锅具时，锅柄都要朝内放，以免小朋友好奇伸手抓。然而，只有 36% 参与调查的人表示他们会这样做。

儿科医生马利娜提醒我说，我们应该思考超越具体安全提示的更深层面的内容。经她提醒我才意识到，这是一个让人主动去发现日常行动所具备的“行动启示”的绝佳机会。马利娜指了指她咖啡壶上拴着的绳子解释道：“儿童看到后会想拽这根绳子，结果就是把咖啡壶弄洒。”同理，灶台上朝外放着的锅柄就像是在邀请孩子上前握住它。无论大人还是孩子，物品都会给我们“行动启示”。加拿大多伦多大学的两名小儿神经外科医生针对上千起儿童意外伤害病例进行了详细调查，这些病例都是由当事人从桌子上或者架子上推倒电视机引起的。[11] 为此他们呼吁家长，一定要把家中的电视机或者其他重物牢牢固定在墙上或者家具上，以避免儿童发生类似的不必要伤害。每当我读到这些令人不安的研究报告时，就会想起基利克曾提到的：人们总是更容易从物品身上看到它的“行动启示”，却很难看到它的“伤害启示”。

2013 年，美国毒物控制中心协会公布了 2 188 013 起中毒事件，其中约 54% 发生在 12 岁以下的儿童身上。自 1996 年开始，这个数字就一直没有变化。除了洗衣球和清洁剂，孩子们还喜欢吃什么呢？美国国家毒物中心表示，针对6岁以下的儿童，他们接到的最多的咨询是有关化妆品和个人护理类产品的，清洁剂排在第二位，药品排在第三位。使用橱柜锁（比如弹簧平头插销）是让危险品远离儿童的好办法，尤其是当你不得不把它们放到儿童够得到的地方存储的时候。[12]

当我聊到儿童接触有毒物品这个话题时，阿图索将我的注意力重新带回我分享给她的《洋葱》杂志上的那篇文章。为了做到主动出击，我们不但要考虑这些产品的成分是什么，还要考虑到这些产品的外观和味道。"现在造型漂亮的浴室和清洁用品变得越来越多了。"她的话让我想起了现在市场上的泡泡浴球、气泡弹、手工香皂、蜡烛和马桶清洁剂之类的家用化学品。"它们看上去就像糖果和点心一样可口。"

除了集中注意力，别无选择

假设你现在已做到事前多想一步，也做到了提前将危险物品都移开。再往后，就越发困难了。我们已经在前面谈到过可以主动出击的情况，在这些时候我们能提前意识到风险，并先行一步，把意外消灭在萌芽之中。但有的时候，我们不得不将危险物品拿出来并使用。这个时候，事情的主动权就握在了孩子手中。我们并无其他选择，只能集中注意力，随机应变。

在《洋葱》杂志上的那篇文章发表的几年前，我曾亲身经历过类似的一件事。当时我妻子正在刷浴缸，随手把一瓶漂白清洁粉放到了她身后的马桶上。30 秒后，我们当时一岁半的女儿就从浴室里朝着我摇摇晃晃地走来，她一只手握着漂白粉罐，另一只手玩弄着清洁刷。我情急之下竟喊出一句脏话，立刻给毒物控制中心协会打电话，等到自己平静下来后，赶紧为孩子清洗嘴巴，也为我自己说了脏话而道歉。不久之后，一切又恢复了正常。这件事给了我一个深刻的教训，那就是这个年纪的小孩子可以让自己在极短的时间内陷入危险。

门就是能让孩子瞬间陷入危险的最典型代表。每年约有 6 万名儿童手指被门夹伤。发生意外时，门通常是被另外一个孩子（占 47%）、成年人（占 25%）或者儿童自己（占 13%）关上的。有一半的夹伤发生在门的铰链一侧。在这些受伤儿童当中，每年有将近 1 000 例最后会被截肢，同时年纪越小（尤其是 2 岁前）发生这种意外的概率越高。[13]

我们很容易相信自己已足够集中注意力，可以应对任何突发事件。最近在美国的俄亥俄州辛辛那提市，一个小男孩钻过防护围栏，掉进了旁边的动物园里，围栏那边住着一只 450 磅重的大猩猩。[14] 动物园的工作人员表示，在最近的 38 年里，从来没有一个人进入这只大猩猩的领地。遇到这种事情时，我们很容易指手画脚，责怪他人，但无法否认一个事实：我们都遇到过一些临时状况，或因各种各样的事情分神，导致自己的视线和注意力发生转移，结果对就在眼前、万分紧迫的事情视而不见。有时即使我们没分心，也可能在神游。

没关系，我们不必为此气馁。对此美国国家安全委员会的儿童安全专家阿图索有另外一个办法："在日常生活中建立规则。"她说这样做不但可以将未知和混乱的事情变得更加可预测，也为家长提供了绝佳的教育时机。听完后我不由得拍案叫绝：这和我们在航空领域所做的事情异曲同工！为什么不在清洁浴室时建立一个规则，要求孩子先敲门才能进入浴室呢？在航空行业，我们用标准化的流程规则去完成许多事情。为什么不在关门前让每个人都大喊一声"手放好"再行动？即使这些程序并没有被 100% 执行，但它也能将混乱降到一个更易于管理的水平。

阿图索还讲道，我们需要告诉孩子为什么要这样做。"因为仅靠命令是行不通的，"她说，"并且不要和他们说某件事是'绝对禁止'的，因为这样只会让此事变得更有吸引力，他们会更想试试。"

5~14 岁

在儿童过完 5 岁生日后，接下来就迎来了他们生命中最安全的 10 年。不过我建议还是不要告诉他们这件事，以免让他们觉得可以肆意而为。5 岁之后，儿童的自我保护意识得到了飞速的提升——从之前的基本没有发展为半成熟的状态，我们可以从统计数据中明显看出这一进步。他们不再会趁你不注意时突然从楼梯上跳下来，而是开始有预谋地策划一些危险活动，而且会专门挑大人没法直接拒绝，也无法伸手干预的事情。对这个阶段的孩子，我们只能像教练对待球员一样，进行一些场外的管理。那么，对他们来说，常见的

危险有哪些呢?

游泳池

在炎热的夏天，没有什么比泡在泳池里更让人身心愉悦了。孩子当然也这么想，但他们不希望自己和小宝宝一样还被大人抱着。一旦孩子进入水里，不会游泳便成了溺水的首要原因。考虑到地球表面71%的地方被水覆盖，我建议要教会孩子的第一件事就是游泳。人类生活在地球上，就像青蛙生活在荷叶上，我们却只告诉孩子如何走路。相比之下，平板电脑只占地球表面积的0.000 005%，世界各地的孩子不到2岁时就开始学着使用它。[15] 在同样的年纪，小朋友已经可以学习一些基本的水上求生技能了。对于教5岁以下的儿童游泳技能是否有益，不同的研究得到的结果并不一致。一些研究认为这样做是有效的，另一些研究却警告家长“只掌握有限的游泳知识反而更危险”：那些在早期掌握了一些游泳技能的孩子会比其他同龄人更爱冒险。但一旦孩子长到5岁，大人就应教会孩子游泳，这已是不同研究达成的一致结论。

大部分的儿童溺水事件是在成人在场的情况下发生的。当我们在泳池旁看着孩子时，最有可能发生的问题就是走神。就像前文讲过的一样，很多溺水事件就发生在我们将视线离开儿童的短短一小会儿时间里。可能我们只是低头看了会儿手机，或者临时进屋取件东西。很多人并不知道溺水会在很短的时间内发生，短暂的分神将要付出高昂的代价。请看着你的表。现在，试着先不要深呼吸，直接憋气。你可以支撑多久？这就是当一个成年人被水淹没时，能挺住的时间。对于成年人，4~6 分钟的缺氧就会导致永久性的脑损伤甚至死亡。别忘了，儿童的耐受时间只有成人的一半。当一个孩子掉进水里时，几秒钟的不同或许就是生死之别。

真实的溺水和电视节目里的表演有所不同。受害者并不会一下掉进水里，一边拍打水一边大喊“救命”。他们多数是在自己都没留意的情况下栽了进去。职业救生员了解这种情况，并接受了专业的训练。对普通家长来说，只有时刻留神和密切注视，才能确保万无一失。

要快乐，还是冒险

“爸爸，我的朋友马娅有了双层床。”听到女儿这句话后，我愣住了。脑海里立刻浮现出一个数据：每年约有 3.6 万名儿童因使用双层床不慎受伤而被送往急救中心。我在心里估算：美国有 3.15 亿名青少年，大概有 6% 的青少年和她同龄。这就意味着在这个国家里，每 500 个孩子当中，就有 1 个因使用双层床而被送到急诊室。究竟多少孩子有双层床呢？全国 1/5 的？这意味着，每年在所有使用双层床的儿童里，100 人中就有 1 个为此受伤进了医院。[16] 当我告诉女儿她不能有双层床时，她的表情既惊讶又失落，就好像手里的甜筒冰激凌掉到了又热又脏的人行道上一样。

这让我想起了自己小时候坐在皮卡车后厢的时光，以及把塑料袋套在头上到处跑的时光。我也曾小小年纪就骑着自行车穿过拥挤的街道，独自去小镇的另一头。当我住在阿尔伯克基的时候，我的朋友养了两只 4 英尺长的鬣鳞蜥，我们一人一只，让它们在自己的后背上玩耍，但这些都不算什么。我很小就开始开车，还除过草，玩过火。我还玩过弹弓和弹簧刀，而且直到今天都没有人知道这些。然后我想起来，我也曾用过双层床。我很喜欢它，就像很喜欢卡车、割草机、火柴和其他可以轻易藏起来的致命危险品一样。

我记得最近听到过一些讨论——关于传统的放养式教育是如何被“直升机式教养方式”取代的。事实上，我确实可以开直升机，但我并没准备好承认自己不会开着探照灯和红外线摄像仪，盘旋在女儿过夜的地方或是高中舞会的现场。我曾在她小的时候为她读过无数次长发公主的故事，也考虑过是不是把她关起来才能把她保护得更好。是我太过分了吗？是我对她的保护太过头了吗？

里奇 · 利钦斯坦（Rich Lichenstein）是马里兰大学医学中心儿科急诊部的主任。因为工作原因，利钦斯坦得以了解每年发生的超过 650 万例儿童急救中具有代表性的部分例子，包括那些致死事件。

“你并不想妨碍孩子的必要成长过程，”利钦斯坦说，“但难免有些意外和挫折是孩子在成长过程中的必经之路。”利钦斯坦的话提醒了我，儿童是在不断试探界限的过程中知道界限在哪里的。而且对他们来说，若没有痛苦，就记不住教训。利钦斯坦说，他不会被孩子的磕碰刮伤甚至偶尔的骨折吓到，“这是他们成长过程中必须要经历的”。

对利钦斯坦来说，儿童的行为有潜在风险，也有潜在收益，所以我们要像去商店买东西一样，多做比较，深思熟虑后再决定。他举了一个例子，夜晚戴墨镜只是为了装酷。“从发展的角度来看，这种做法毫无意义可言。”他说道。他提起了1976年的一期《周六夜现场》节目，我们两个都笑了。在那场演出中，丹·艾克罗伊德（Dan Aykroyd）扮演一个卑鄙的玩具公司的销售代表，用一种朋克歌手的语气推销着一款名为“朋克式的冒险：一袋玻璃”的玩具。艾克罗伊德在其中声情并茂地讲述着一袋碎玻璃是学习光折射的绝佳道具。但利钦斯坦告诉我们，相比于碎玻璃，棱镜更适合，而且风险更小。就在我想要讲双层床的话题时，利钦斯坦讲了一个更好的例子。

“比如儿童是否可以玩蹦床这件事，这就是个棘手的选择。”利钦斯坦说道。美国儿科学会明确建议家长不要在后院放蹦床，他们还特别告知儿科医生，请他们“建议家长和孩子不要玩蹦床”。印第安纳大学医学院进行的一项研究显示，蹦床已导致超过100万个儿童意外受伤。这几乎是其他因意外伤害而被送往医院的案例数量总和。利钦斯坦却对此举棋不定。“若单纯用它带来的快乐去衡量，这点危险根本不算什么。”

我开始寻找与此相关的案例，发现了一对来自美国加利福尼亚的兄弟瑞恩和杰西。他们小时候曾经拥有一个蹦床。“记得那时，若是妈妈没在身边，我们就会去做些疯狂的事，”哥哥瑞恩说道。“比如让弟弟双腿交叉坐在蹦床中间，然后我和朋友在旁边使劲跳，把他弹得越高越好。”“记得有一次，我从旁边的棕榈树上跳下去，落下时头朝着地。”弟弟杰西补充道。

“我们上高中之后，开始举办派对，开始喝酒。”瑞恩说道。“当时家里有个地上泳池，我们会把蹦床放到房子和泳池中间的位置，从屋顶上跳下去，落到蹦床上，再弹到泳池里。”

如今，瑞恩是一名投资顾问，也是三个孩子的父亲。“我绝不会给我的孩子买蹦床，”他说道，“因为一想到可能会发生什么，我就害怕极了。因为我知道这会多疯狂。现在回忆起当年的自己，我感觉真是九死一生。”

这让我想到了为何人们永远无法在快乐和冒险二者之间取得平衡——因为它们经常就是同一件事。

我和利钦斯坦聊起了直升机式教养方式的问题。“现在还有人提出采用‘自由放养式’教养孩子，”他说道，“这些差异似乎有点关系到我们是否能继续让孩子走路上学。不过，这样做真的对身体健康有益吗？”我不得不埋头在研究中寻找答案。的确，1969 年时，41% 的学生走路或者骑车上学。到 2009 年，这个数字已降至 13%。[17] 我记得阿图索说过：“当把孩子关在家里时，他们就会看电视或者打游戏。这与肥胖的流行有直接关系。”

我还是不知道该如何解决蹦床的难题，感觉自己一无所获，十分沮丧。阿图索最后用一句话点醒了我。她告诉我，我现在所做的一切分析，都说明我在追随自己的想法，积极地思考这些问题，而不是任由脑中的自动驾驶系统替代自己思考和行动。

她还有一个极佳的建议：“教你的孩子也这样思考，这总要开始。他们需要学会去问自己这些问题。”在几天之后的某个出行高峰，当我走在旧金山一条繁忙街道上时，我想起了阿图索的这条建议。当时两个十几岁的男孩在街道的右边并排骑着自行车，他们打闹着，用力地推对方的胳膊，好像要把对方从车上推下去。阿图索的观点也在某种程度上再一次印证了我写作本书的初衷。对家长来说，时时提醒孩子注意安全，并让自己充当人肉护栏是一种保护方式，但更有价值的或许是，我们能将注意安全的理念和思考方式根植于孩子的内心。

儿童会毫不犹豫地冒险，这是成长的必经阶段。有时候，他们会因此而受伤。专家提示我们，家长的任务就是避免孩子受伤，对孩子的冒险则不必干涉太多。看一看安全统计数据，似乎我们在这方面已取得了不错的进展，但仍有进步空间。

第十章

出行安全

1921年是美国保存了详细统计数据的第一年，这年人们因车祸死亡的概率[1]是如今的20倍。若你听到这个数据后决定自此放弃开车改为步行，那么我很遗憾地告诉你，坏消息是在车祸中死亡的2/3的人都是被汽车撞倒的行人。自行车也是危险的。在20世纪的英国，当时的人口只有现在的70%，然而因骑车而导致的伤亡人数是现在的15倍。[2]

将近100年之后的今天，使用汽车、自行车这些交通工具已变得更加安全。安全带让我们在发生碰撞时保持原位，更好地缓冲撞击的力量。我们为行人设计了斑马线和人行道，自行车车道也越来越普遍。当事故发生时，现场的创伤处理技术较从前也有了明显的提升。

因车祸而导致的意外死亡率在过去的一个世纪一直处于下降态势，然而到2015年，这一数字突然激增8%，并有可靠迹象表明2016年也将继续上升。行人的死亡率在经历了近20年的稳定不变后，在 2015 年增加了将近 10%。在这一年中，平均每 2 小时就有一名行人被车撞死，平均每 7 分钟就有一人因车祸而受伤。[3] 骑车出行的死亡率也在 2015 年令人费解地上升了 12%。[4]

奇怪，这一切到底源于什么呢？今天的我们不但拥有多种多样的安全设施，还接受了多年的安全教育：过马路时请注意；小心行人；过马路前左右瞧；小心缓行；遵守交通规则；请戴上头盔。2015 年之前的统计数据表明，至少我们已听从了其中的部分建议。

公路成了将我们所有的弱点聚集在一起，引发剧烈风暴的地方。在公路上我们的注意力已延展到极限，但我们还试图关注更多。当你在路上时，无论是正驾驶着重达 3 500 磅的汽车，还是穿着 1 千克重的鞋子，轻轻一小步，你就可能跌进万劫不复的深渊。我们在路上不断地犯着同样的错误，冒着相同的风险，一次又一次不知悔改，原因是我们总是在上一次侥幸避开了最可怕的结果。我们不再体谅他人，取而代之的是敌意甚至愤怒。人与人之间的交流被简化为行车信号，一旦他人与自己的意见不一致，并试图给我们一点反馈或建议时，竖中指成了最常见的回答。

我们的弱点是如何演变为一场车祸的？让我们一起来寻找一下原因。

着急闯下的祸

当我们怀着一种急迫的心情，想要尽早到达目的地时，便会忘记所有的安全提醒。[5]已经迟到了，我们会着急；马上要迟到了，我们还是会着急。甚至时间尚早，我们也摆脱不了着急的心理，总希望能更快到达。焦急是一种最难摆脱和控制的心理。杰里·塞恩菲尔德（Jerry Seinfeld）在其早年的脱口秀节目中曾调侃，他说我们总是觉得自己要尽快赶到某个地方。“一旦你出门了，就急着回家；到家之后，又着急睡觉；睡着不久，又急着起床；起床之后，再一次着急地出门了。”如果有机会的话，我很想研究一下那些前往量刑听证会、做根管手术或者去完成税务审计的人，他们也会着急吗？如果你在高速公路上和他们抢道，他们也会不开心吗？

一些人将这种急迫感归咎于压力。[6]一些人认为是当今社会快节奏的生活使然。一些人埋怨路上其他人的行为让自己不得不着急。当我们看到路况时，就不由自主地切换成争分夺秒的模式。如何在路上节约时间？司机、步行的人和骑自行车的人都有自己的办法。

司机

一旦我们握住方向盘，原本的平和和耐心随即消失。当心情急迫时，大多数的司机便开始心烦技痒，忍不住展现自己赛车手的潜质。我们主要介绍两个最常见的行为：超速和闯红灯。

时间 = 路程 ÷ 速度。这个简单的等式告诉我们：更快到达终点的办法就是提高车速。这听上去非常符合科学规律。然而，那些说速度会杀人的话是怎么回事？我们都知道德国的高速公路是完全不限速的。我曾问德国同事这到底是不是真的，他骄傲地回答说：“当然有上限了。比如我开保时捷的时候，限速就是每小时 185 英里。”而且德国人也很快指出，与美国的高速公路相比，发生在德国高速公路上的车祸致死率更低。美国的高速公路是限速的，时速最快不能超过……呃……七八十英里。既然这样，美国和其他情况类似的国家为什么还要到处贴限速标志呢？事实证明，能以每小时 185 英里的速度在高速路上安全行驶的景象有点过于梦幻了。即使在德国高速公路上，也有建议时速不超过 80 英里的标志。许多司机也遵从这个限制。与此同时，德国高速公路出现交通堵塞的情形越来越多[7]，这使得行车速度远远低于人们对它的期待。现在，越来越多的路段已公布和实施限速的强制要求[8]，因而这些路段的车祸发生率有所下降。

即使是职业赛车手也不会认为超速驾驶是个好主意。安迪 · 皮尔格里姆（Andy Pilgrim）是一名经验丰富的赛车手，曾和大、小戴尔 · 厄恩哈特（Dale Earnhardt）一起效力于雪佛兰克尔维特车队，如今代表保时捷参加黑天鹅比赛。在业余时间，皮尔格里姆是安全驾驶的倡导者。他表示，当在高速公路上遇到其他车辆时，超速[9]带来的恶果就显现了。据统计数据显示，撞车事故中有 20% 发生在车子穿行于车流时，此时车与车挨得很近，需要司机判断车间距并猜测他人下一步的行动。不恰当地引用吉恩–保罗（Jean-Paul）的话，即“地狱是由除我以外的司机建造的”。

市中心、郊区和小区街道更是不应超速行驶的路段，按皮尔格里姆的话来说：“在这些地方，你撞到人的风险会以指数级速度上升。”他指出在因超速导致的车祸死亡中，有25%发生在限速每小时35英里的街道上。[10]在小区的街道上开车时要尤为小心，因为可能会有孩子在玩耍。在行人受伤的车祸中，6%的受伤对象是儿童，而在严重致死的车祸当中，儿童占到21%。为什么后一个数字几乎是前一个数字的4倍呢？当儿童被车辆撞击时，死亡的概率是受伤概率的近4倍，原因是相较于庞大的汽车，他们实在太渺小了。一辆以时速45英里或者更快速度行驶的机动车足以撞死一个成年人。请仔细领会这句话的意思。无论何时你看到自己的车速表时速超过45英里，请记住，此刻的你对行人来说就是移动的撒旦。[11]而对儿童来说，更慢的速度也足以让他们丧命。“既然这样，你为什么要冒风险呢？”皮尔格里姆说道。

所以，让我们来进行一下性价比分析。若我们为了节省时间而在高速公路或者小区街道上超速行驶，我们的收益是什么？澳大利亚悉尼大学的一项研究表明，超速开车平均每天可以帮人节省的时间为26秒。[12]与此同时，付出的代价又是什么呢？研究人员统计了现有的和超速相关的所有车祸数据，分析后指出，在每340万名为了节省26秒时间而超速驾驶的司机当中，会有1人因此而死亡。如果你每年赚5万美元，那么节省26秒的时间能让你多赚18美分（还是税前）。相信通过这样的数字对比，你会发现超速是一种极其愚蠢且毫无价值的行为。每天都会有数十人因被超速驾驶的车辆撞倒而丧命（其中通常包含一到两名儿童）。超速的司机为此获得的益处仅仅是18美分。冒着如此大的风险，却毫无收益可言，性价比如此之低，这简直是大错特错的行为。人们却并不容易意识到这一点。“时间 = 路程 ÷ 速度”是个显而易见的真理。鲜活的生命并不应被如此冷酷无情地概括。

让我们再来谈谈另一个在路上节省时间的技巧：和红灯比赛。过去，黄灯被当成另一种绿灯。而现在，红灯被当成另一种黄灯。我们能因此节约多少时间呢？红绿灯的时长是由交通流量决定的，在美国旧金山车流量较大的十字路口，30 秒是常见的换灯时间。现在，如果你将变红灯前的 2 秒看作继续通过十字路口的时间，那么你通过所有红绿灯路口的时间就减少了，平均每个灯慢了 1 秒。

再来说说闯红灯的代价。每天平均有两人死于红绿灯抢行，这当中一半以上的人并非闯红灯的司机。因为你开车闯红灯时，有一半的可能性是其他人替你送死。

我们不但意识不到自己冒这种风险的性价比是如此之低，还会自作聪明地因此扬扬得意。因闯红灯引发的死亡事故引起了有关部门的重视，许多城市在十字路口安装了摄像头，拍摄闯红灯车辆的车牌号和司机。此举很快引发了两种反应。一种反应是我在旧金山看到的，司机会在闯红灯的时候低头，避免自己的脸被摄像头拍到。很多司机意识到低头闯红灯是双重冒险行为，所以采取了另一种方式来遮住脸。他们会用手遮脸，这样既能把脸遮住，又能在指缝间看到前面的路。旧金山市一家报纸援引了一位当地照片执行经理的话，他说看到了一段视频，闯红灯的司机戴着小丑面具。

与此同时，司机把闯红灯摄像机[13]称为“圈钱机”。“所谓的闯红灯拍照系统就是彻头彻尾的骗局。”斯蒂芬·鲁思（Stephen Ruth）在为自己辩护时说道。他被指控破坏了纽约长岛的交通摄像系统。“它的出现就是为了勒索钱。”鲁思在互联网上发布了一段自拍视频，声称要毁掉信号灯旁的摄像头。他的行为被人举报，之后他被警察逮捕。与此同时，一家名为“图像掩膜遮挡”的公司开始制作一种专门用于汽车牌照上的掩膜，它能干扰闯红灯记录仪的拍照，让闯红灯的司机免受惩罚。“别让这些记录掏空你的钱包。”他们打出了这样的广告，并承诺用户使用他们的产品后100%无罚单。一名用户在用后评价说：“贴上后确实再也没有接到过闯红灯罚单，服务堪比五星级。”

现在让我们再来看看红灯时的右转情况。当亮红灯时允许右转，交通法规定要先停车观察，确认无风险后才可以继续右转。但实际生活中有多少司机会真的停下呢？一项针对司机行为长达20年的观察研究表明，会在此时完全停车的司机已基本不存在。而1997年的数据显示，有少于5%的司机在路口右转时会在停车标志前主动停下来，观察道路两侧的情况。停车观察似乎被人们视为浪费时间的举动。最典型的表现就是司机在右转或者有停车标志[14]时视而不见，扬长而去。建议你下回在遇到停车标志，或者右转时能试试边停下来边大声数数。这样你就能意识到，停车观察到底会花费多少时间，或许每个路口的费时连3秒钟都不到。

再来说说闯红灯的代价。统计数据显示，仅仅是允许车辆在红灯亮时右转[15]，就会把撞到行人或者自行车的可能性从45%提升到

125%。你在红灯亮时打开转向灯，没停车观察而直接右转，成年人可能会发现你，并停在路边，直到你过去，孩子却不会。他们被教导要遵守红绿灯，所以当行人可通过的灯亮起时，他们就会天真地以为此时就可以安全过马路了。一旦你继续冒险，你的运气（以及另一个人的）可能有一天就会被耗尽，导致悲剧不可避免地上演。

假设我们在开车时没有遇到上述的任何危险，幸运地安全结束了车程。现在我们起身关上车门，接下来走到目的地。因匆忙而带来的危险就此结束了吗？并没有。这才仅仅是个开始。

步行

在道路上步行，在安全方面实际是处于劣势的，但我们还是着急。我们不能像汽车一样从马路中间通过，只能走旁边的人行道。人行道可以保障我们的安全，但很快我们就又走到了十字路口，不得不在有车通过的情况下过马路。按道理，我们应该等红灯亮起，司机停车之后（如果他们能做到的话），再过马路。但行人可以做两件事，来绕过这些麻烦。

因为住在旧金山的市中心，我目睹了很多人在人行道的指示灯还是红灯时就过马路。好吧，我承认自己也这样做过。许多研究都在调查究竟有多少人会严格遵守行人指示灯。[16] 统计结果显示，能遵守在绿灯亮起后才过马路的行人只占整体人数的 10% 甚至更低。我可以和你分享一下当年我不这样做时，是怎样想和怎样做的：我会先看看马路两边，如果没发现车，我就会走过去。我告诉自己说，这样做才更安全，因为如果有车来了，它也可能不遵守信号灯，反而更危险。然而，当我就此话题进行调研时才知道，在所有撞倒行人的车祸[17]中，有38%就发生在这样的场景下，发生在人行横道和十字路口。

很奇怪，我们明明看过两侧，确认并没有车，那车到底是从哪里冒出来的呢？一种情况是在黄昏时，迎面而来的车并没有开车灯，所以我们看不到。还有可能是车从某条小巷恰好拐出或者停在路边刚刚发动。我们可以想象一个常见的场景：你正在过马路，已迈步走上了人行横道，此时你知道不远处有一辆卡车开过来。你的想法是放慢脚步，让车先过。你可是“知书达理”的闯红灯者，你的做法是为了提高过马路的效率和单位时间的生产力。但这一回，卡车司机似乎比你还有礼貌。他停车让你先通过。然而你们都不知道的是，这时另一辆车从这辆卡车的旁边开过来。卡车挡住了你，导致你和另一辆车的司机看不到对方的存在。你从停下的卡车前走过，然后只听砰的一声，悲剧发生了。如果这是一辆小型低底盘的车，你会被撞飞。如果这是一辆高底盘的SUV或者是皮卡，你就会被卷进车下。

我们再举一个更常见的例子。你站在一个十字路口准备过马路，此时来了一辆车想右转（我是否提到过，如今的转向灯使用率[18]已跌到了历史最低点，只有50%？）。你心里想的是，他一定能看到我，然后停下来，对吗？然而事实情况是，他在右转之前，先要确认自己的左侧没有其他车辆，要完成所谓的“转头查看”。所以他此时把头转到左边，确认是否有其他车辆。但就在他转头看向左边的时刻，谁在右边呢？是正在过马路并坚信能被对方看到的你。

以上两个例子就是我们所指的“多重威胁并存”[19]的状况。行人发生的车祸中30%都是这种状况。就像我们在前文中提到的，让人同时专注几件事本就是幻想，我们经常能从交通事故中得到深刻的教训。

过十字路口的另一个可怕危险出现在交通指示灯变红，双侧的车已经停下来，但人行道指示灯还没有亮起的时候。此刻你还是走上了人行横道，但你没有意识到的是，身后左转弯方向的车辆正准备启动。这些司机多数正踩着油门要加速通过，因为左转指示绿灯（通常被称为“受保护的左侧”）亮的时间非常短。而且不可忽视的是，一些司机会在左转指示灯依然是红灯时就按着喇叭强行左转。为了避免被周围的警察发现，他们通常会加速做这种事。

我每天看到的最可怕的行人，是那些为了追赶公交车而横穿马路的人。他们不想上班迟到，或者想早一点到家看到家人，所以就有了这种疯狂的举动。他们的注意力牢牢地放在那辆公交车和公交车司机身上，而且像参加比赛一样疯狂奔跑。他们也曾瞥了周围的车辆一眼，但也仅仅是毫无意义的一瞥。

我希望自己已经说服你，让你相信十字路口对行人来说非常危险。我也曾以为穿过街区的路口会更安全些，然而我错了。在所有导致行人死亡的车祸中，有78%发生在“非交叉性的环境”中，其中的30%集中发生在城市的安全岛[20]。安全岛，指我们经常看到司机使用手机的地段。

行人还会犯另外一个严重的错误，就是他们高估了司机能在夜间看到他们的能力。[21] 克莱姆森大学的研究人员做了一项富有启发性的研究，他们让被试站在汽车的车灯前，并估计自己对司机而言的可见程度。当车灯高度最高时，人们认为司机能看见自己。接着，研究人员把车灯调暗，并问相同的问题。猜猜看，当研究人员把灯调到多暗时，人们才会认为司机看不到自己了呢？答案是，直到把光线调到原有强度的 3%（你没看错，是减弱了 97%）时，人们才会认为司机看不到自己。是什么让我们觉得自己如此引人注目？我们闪闪发光的人格魅力，还是光明璀璨的未来？

骑车

选择骑车的人也急匆匆。在美国，每年大约有 750 起骑自行车死亡的事故，其中 43% 发生在十字路口。开车的司机因着急而导致的问题已经够严重了，因着急骑着自行车而在十字路口发生的车祸更甚。[22] 一定要记住，开车的司机并不一定会看见你，他甚至看都不看，更别说看得到。我们接下来也会讲，司机不但不看，甚至有可能不在意。另一种骑车时为了节省时间的小伎俩也非常危险，就是在单行道上逆行。这种走捷径的方式，正是因车祸而死亡的人数不断上升的重要原因。

更好的方式

无论我们是开车、走路还是骑自行车，为了赶时间而冒风险都是一种典型的对投入产出比分析严重出错的选择。这样做充满了凶险，毫无收益：以此换得的时间几乎为零，却给自己和他人带来了巨大的生命威胁。

仔细想想吧。如果我们每个人都能做到，在上路时深吸一口气，让自己以稳定的速度前进[23]，和其他车、行人以及骑自行车的人都保持一定距离，又会是怎样一番景象呢？交通工程师告诉我们，如果我们真能做到如此，那么交通状况将更顺畅，道路使用效率也会提高。没错。当我们都不抢时间时，反而为所有人都节省了时间。旧金山市路口各个方向的红灯都会同时保持几秒，以此减少匆忙过马路造成的车辆碰撞。这就是我们为匆忙而付出的代价：所有人都要为此付出更多的时间。

然而，当我们不再忙乱地寻找可以用于超车的缝隙，拼命缩短通勤时间时，我们如何打发因此而省出的“空闲”时间呢？这就引出了我们在路上会遇到的第二个安全话题。

边开车边做其他事

还记得我们曾单纯地享受开车、走路或者骑自行车的过程，只是因为乐在其中吗？现在，我们却认为花在路上的时间是一种浪费，总试图在途中做些别的事情来填充“空闲”。

人们在路上往往会做什么呢？毫无疑问，最常见的就是聊天。开车的司机和乘客聊天，结伴同行或骑车的人一起聊天。但这种聊天会给人们带来多大危险呢？研究发现，面对面聊天通常危害不大。当我们身在一处进行对话时，大家有一个共同的语境，所以更容易相互理解。若一只松鼠跳到我们面前，我们会一同高声喊出："松鼠！"这种面对面的沟通通常能为人们带来"副驾驶"或者"两人胜过一人"[24]的效果。

心理学家已经发现，并非所有的对话都有一致的效果：一些话题会比其他内容更容易让我们分心。当我们谈论的是在现实世界能看到或者在做的事情时，就最容易分心。设想有人正和你说："当你从地下室的楼梯下去向左走，会看到洗衣机旁边的东西，以及……"如果你开车时正和别人进行类似这样的对话[25]，就会发现眼前的道路正逐渐消失，取而代之的是你家地下室的样子。与情感有关的话题[26]同样非常容易让人分心，听到"停车去吃鸡蛋和牛奶吧"和"史蒂夫，我要和你分手，因为我已经和你最好的朋友睡了一年"，结果显然是不同的。

既然聊天没什么问题，是不是我们一边打电话一边开车[27]、走路或者骑车也可以呢？答案并非如此，因为和不在一起的人谈话是完全不同的情形。当我们和别人打电话时，他们看不到我们眼前看到的事情，"副驾驶"的效果消失了。当其他的车辆、行人或者一只松鼠出现在你前面时，电话那头的人并不知道，所以可能还在继续他的话题，你却不得不为此分心，将注意力分配到电话和眼前的紧急情况上面。

犹他大学的戴维·斯特雷耶（David Strayer）进行了一项独到的

研究，记录了开车时打电话分散注意力的程度。斯特雷耶通过实验证明，若司机一边开车一边打电话，遇到突发状况时，反应速度要比正常情况下慢得多。斯特雷耶是一名心理学家，他当然清楚我们在本书中讨论过的种种理由都证明打电话会分散注意力。但他也知道，说服大众需要一些有力的证据。在第一项研究结果公布之前，斯特雷耶就已料到人们接下来会说些什么。

人们对“边打电话边开车会引发车祸”这一结论的回应是：别把手机拿在手里就可以了。很多人认为之所以会有这样的结果，是因为出事时那些司机是用手握着电话的。对此，斯特雷耶随后做了另一项研究，证明手握电话并不是引发危险的罪魁祸首。在试验中，斯特雷耶让一半的被试手里握着电话，但并不和任何人通话。结果显示，不使用电话的人并不会在遇到突发事件时反应变慢。“世上有不少只有一只手的人，但他们也能把车开得很好，”斯特雷耶在电话里对我说（放心，此时我们并没有开车），“当你边开车边打电话时，问题的关键不在于你是否是用手拿着电话，而是你会因此而分心。”我告诉他美国的很多司法管辖区的法律规定，只要不用手拿着电话，一边开车一边通话是不违规的。“这些法律简直是种误导。”斯特雷耶对此评价说。

打电话仅仅是我们在开车时练习分身术的方式之一。现在的年轻人会对你说，打电话只是老一辈使用的过时交流方式。当下，无论司机还是行人，甚至是骑自行车的人，都会在路上使用智能手机，享受更多功能和内容带来的乐趣，这样做往往会引发灾难性的后果。AAA 交通安全基金会汇编了一系列因分心而引发的交通事故，在网上搜索关键词“AAA 因分心和青少年司机导致的车祸”（AAA Distractions and Teen Driver Crashes）[28]，你就可以看到这个视频。这个视频的素材来自美国艾奥瓦大学一项持续 6 年的研究，研究人员在 16~19 岁年轻司机的车内放置了摄像机和其他传感器，得到相关的内容。该研究共收集了 6 842 起交通事故，其中的 1 691 起被认定为中度或严重车祸。美国宾夕法尼亚州立大学的玛丽萨·哈里森（Marissa Harrison）最近做了一项调查，91% 接受调查的大学生表示，他们曾一边开车一边发短信，而且多数是在车里还有其他人的时候。[29] 不少学生还表示，在他们一边开车一边使用手机时，曾发生过超速或者穿越马路中心线开到对向车道的情形。自由互助研究所的一项研究发现，哪怕是对驾驶技巧要求较高的时候，比如交通堵塞时，人们也忍受不了不看手机。[30] NHTSA（美国国家公路交通安全管理局）表示，在 2013 年所有车祸致死的事故中，约有 10% 的事故与司机分心有关，这一数字还在不断攀升。[31]

考虑到刚刚谈到的司机的种种行为，日后如果你想要专注于一件事，那就选择步行吧。[32] 然而我曾看到一位妇女，在推着婴儿车过马路时还在低头看手机。当她走到下一个十字路口时，只是快速地扫了一眼行人指示灯，发现绿灯是亮着的，就继续边过马路边看手机。在过马路的过程中，她推着婴儿车，盯着手机，没有抬头向周围看过一眼。一边走路一边做其他事已越来越普遍。安全专家则不断地用研究结果告诉人们，无论是边走路边打电话、发短信还是听音乐，都会让我们忽视周围的交通状况。一项在实验室进行的人行横道仿真环境模拟研究显示，听音乐或发短信的人更容易被汽车撞到。只要你边走路边用手机，无论在干什么，你被撞的概率都会提高。俄亥俄州立大学城市和区域规划专业的杰克·纳塞尔（Jack Nasar）教授发现，因行人分心而导致的车祸伤亡增长人数，恰好与因司机分心所导致的车祸伤亡增长人数相同。这就意味着，每个盯着手机的司机前方，正好有一个盯着手机的行人。[33]

还要注意的是，走路时不要戴耳机。[34]一项研究表明，在所有行人被撞身亡的事故中，有1/3的司机表示在事发前已鸣笛发出警告。在所有戴耳机被撞身亡的行人当中，有超过半数是被火车撞倒的。

为什么即使我们知道开车的司机并不可靠，还会在走路时一心多用呢？许多人认为，因为人行横道的存在给人一种虚假的安全感。[35]没错，人行横道确实是为保障行人的安全而设计的。但千万别误以为，只要有了它，你的安全就有了保障，尤其是当你在不该出现的时间出现在那里时。

2011年8月7日，美国明尼苏达州一条中间没有隔离带的双向车道公路上，一辆雪佛兰轿车上的情侣决定为了刺激铤而走险。事后，目击者告诉调查人员，当时司机的女友攀爬到驾驶座，跨坐在司机身上，两人一边开车一边做爱。没过多久，车便冲到了对向车道，冲进了迎面而来的车流。雪佛兰撞到了一辆奥尔兹莫比尔牌汽车，该车司机因此身亡。肇事司机的女朋友，当时正坐在雪佛兰司机与方向盘、仪表盘、挡风玻璃之间，因此遇难。这位司机最终因车祸致人身亡被判刑 4 年。

起初我以为这种事一定非常少见，然而我错了。就像那些头一次听说“空中高潮俱乐部”的人一样，我的这种想法显得十分幼稚。南达科他州立大学教授辛迪·施特鲁克曼–约翰逊（Cindy Struckman-Johnson）最近发表了她的研究成果，内容有关 SWD（sex while driving，开车时的性行为）。[36] 该研究对 700 名大学生进行了调查，询问他们是否有过边开车边做爱的行为。33% 的男性承认曾有过这种经历，9% 的女性表示自己有过这种经历。这一差别意味着实际发生概率可能比调查结果更高。这其中 38% 的人承认在 SWD 的过程中曾超速行驶，36% 的人承认这一行为曾导致车子漂移，11% 的人表示在过程中曾放弃控制方向盘。这些受访者当中，只有 9% 的人承认是在酒后或者吸食大麻后才发生 SWD 的，而这就意味着这种行为通常发生在两个清醒的人身上。[37] 施特鲁克曼–约翰逊询问我是否愿意在本书中放一段由参与她调查的大学生所写的原话。为什么不呢？让我们来看看这能有多疯狂。以下就是这段话的内容：

> 我曾在一辆保时捷 911 敞篷车里做这种事，一边在高速上把车开到时速 120 英里，一边看着我身上那个女孩的肩膀。当她高潮时，我感到爽极了。实在是太爽了！

为别人着想

有一次，在美国加利福尼亚的山景城，我站在一条拥堵的街道旁，看到一个衣着体面的中年男人正要通过人行横道。此刻行人指示灯已变成绿色，一名正要通过十字路口的女司机似乎对这个变灯不太满意，她本打算加速通过的，现在只好紧急刹车，停在了人行横道的中间。这名男子本能地朝这辆车伸出双手并手掌向前，就好像这样能让车辆暂停，保护自己免受伤害一样。现场情况平稳后不久，突然人行横道的另一个方向窜出一辆要左转的车。于是他又将一只手转向第二辆车，做出同样类似于停止的手势。这个男子好笑的姿势让我忍不住看了半天。他看起来就像海斯曼纪念奖杯上的那个人，只是手里没有球。而他看着司机的表情就好像在说："你们这些人到底想干什么 ?!"

司机并不是在道路上独断专行的唯一群体。一些行人在马路中间闲庭信步，看都不看周围是否有车辆，心里想着反正它们都得让着我；骑自行车的人看到停车标志或者红灯也不管不顾骑过去，导致的暂时性混乱都留给身后的行人和司机，让别人去收拾残局。

心理学家玛丽亚·孔尼科娃（Maria Konnikova）在《纽约客》的专栏中总结道："无论你使用的是哪种交通工具……你总是对的。不管在何种情况下，永远是其他人挡了你的路，是别人的错，他们就是那种讨厌的人。"[38] 是什么让我们认为自己理所当然地该排在第一位，无论是在开车、走路还是骑车的时候？孔尼科娃指出，虽然我们当中的绝大多数人都同时有其中的两种甚至三种身份，但我们始终无法站在别人的角度，真心地为他人着想。

然而，讨厌路上有其他车或人存在仅仅是个开始。新闻报道中充斥着各种路怒症引发的街头冲突，挡风玻璃被砸碎，一些人拿出工具打人，更有甚者竟杀人灭口。类似的激进行为并不仅仅发生在暴徒身上。AAA 交通安全基金会最近进行的一项调查显示，80% 的司机承认自己在去年开车时曾做过一些粗鲁或危险的事情，51% 的司机表示他们曾有意尾随另一辆车，47% 的司机表示自己曾对着别的司机大喊大叫，45% 的司机曾按喇叭表示对他人的不满和愤怒，33% 的司机使用过表达愤怒的手势，12% 的司机表示他们曾故意和身旁的司机抢道。AAA 警告世人，一些确凿证据表明这一情况还在不断恶化。

我完全相信在这些人当中，并没有谁是专门在路上找人打架的精神病患者，但很多人确实很容易被其他人咄咄逼人的行为激怒。我们要报复。毕竟，只是让放在油门上的脚稍用些力，或者大喊一声，比个中指之类就可轻松缓解压力了，不是吗？直觉告诉我们，没什么能比让那位罪有应得的司机吃个哑巴亏更让人解气了。然而美国俄亥俄州立大学的教授布拉德·布什曼告诉我们，采取这种行为往往是火上浇油。在一项设计巧妙的试验中，布什曼让一些刚刚被冤枉的被试保持冷静，而允许另一些处于同样境遇的人反击报复。布什曼让后者去捶打拳击袋，并想象它就是那些冤枉自己的人。在一切结束后，布什曼询问他们此刻的感受。信不信由你，研究者发现，那些被允许发泄和报复的人反而表现出了更多难以遏制的愤怒，那些被建议想些别的事情的被试反而很快释然了。底线在于：在路上，无论别人对你做了什么，我们都无法以其人之道还治其人之身。同时，当你发泄愤怒的时候，只不过是让倒霉之事在你身上再次上演了。[39]

吉尔·布朗是好莱坞的一名特技演员，她早就明白了这个道理。她的工作内容不但包括为蒂娜·菲（Tina Fey）和詹妮弗·洛佩兹（Jennifer Lopez）做替身，被杰西·艾森伯格（Jesse Eisenberg）枪杀，或者从马修·布罗德里克（Matthew Broderick）的背后跳下直升机，还包括很多特技驾驶。我问她在工作之余是如何开车的。“就算有人和我抢道，或在堵车时肆意变道抢行，我也能保持冷静。因为我知道他们这种危险行为是在玩命，我可不想奉陪，”她回答说，“有些人和我出去约会，自以为炫耀一下车技，我才会对他另眼相看。他们错了。你知道怎么开车的人才能得到我的青睐吗？我不在乎你有多高超的技巧，而希望你以平和的心态开车。”“我在工作中曾有过几次严重的撞车。一旦你经历过被安全气囊打在脸上，或者需要在别人的协助下才能离开车内，你就不会在开车时着急了，因为你绝不想再经历一次类似的事情。”在马路上打击报复，就像捶打那个拳击袋，并不会让她觉得更轻松。她自己作为那个拳击袋时，却觉得很放松。当我追问她时，她并没有否认自己工作的乐趣。“在电影《得州电锯杀人狂》（*The Texas Chainsaw Massacre*）中，我开车碾过了杀人狂和他的电锯，”她得意地说道，“而且是两次。”

在路上，并不是只有车和司机才会被当成攻击的目标。有些时候，敌意会出现在更加微妙的场景之中。如果我能给每个打算骑自行车的人一条建议，那就是：请戴上头盔。[40]许多校园和工作场所甚至会禁止不戴头盔的人骑车。我采访了伊恩·沃克（Ian Walker），他是一名狂热的自行车爱好者，也是世界上少数专门研究自行车行车安全的专家。沃克自己特制了一辆自行车，上面配备了一个 GPS 装置和一个声呐传感器。他骑着这辆车时，可以掌握经过的车与他之间的距离。沃克和巴斯大学的同事采集了许多戴头盔和不戴头盔骑车时的数据，以研究戴不戴头盔是否会影响车辆在经过自行车时的行为。果不其然，当一个人戴着头盔时，司机总会为他留出 3.2 英寸（8 厘米）的空间。在另一项试验中，当沃克穿着一件带有“警察”字样的高能见度背心时，司机给他留出了更多的空间。而当他把“警察”二字换成“礼貌”，司机非但没有给他留出更多的空间，还有几个人对他进行了“公然的挑衅”。在研究中，沃克有两次被撞：一次是卡车，一次是公交车。

如果你觉得有隐形头盔[41]就好了，那么这里要告诉你一个好消息，瑞典的一家公司已开始生产了。他们设计了一个可以戴在脖子上的安全气囊，在遇到冲击的时候，气囊会打开。不幸的是，这项发明解决不了沃克发现的另一个问题。在最近的一项研究中，沃克和他的同事蒂姆·甘布勒（Tim Gamble）发现，和那些戴着棒球帽或者不戴头盔的人相比，戴头盔的人更有可能在骑车时做出一些危险的行为。[42]看来危险并不仅是司机造成的。还记得前文有关风险均衡的讨论吗？有些时候，是骑自行车的人让自己陷入危险境地的。

预判影响

当我们超速穿过小区里的街道时，很少会停下来想想每年有多少儿童会随时跑到路上被撞身亡；当我们心安理得地闯红灯时，也不会去想有多少行人已看到了绿灯，迈步走上了人行横道。

想想最近一次你倒车驶出车道或者车库的场景。你应该已通过后视镜看了后面。但这样的一眼是否能做到如飞行员飞行时所说的“彻底看清了对应区域”呢？统计数据告诉我们，倒车就像流弹一样，杀伤力极强。[43] 每年倒车所引起的交通事故会造成 200 人死亡，超过 15 000 人受伤。其中一半以上的受害者是 5 岁以下的孩子（31%）和 70 岁以上的老人（26%）。每周至少有 50 个孩子因此受伤，平均有 48 个孩子被送往急诊室，2 人因抢救无效身亡。导致这类车祸的原因无非是常见的几种，如孩子在车道上玩耍，或者行人走到了人行道的尽头，正要穿过车道。日托中心是这类事故的高发地点。这种事故中最常见的一种形式甚至有自己的名字：再见。它有着相同的模式：一辆车正在倒车，一个孩子突然从房子或者大楼里冲出来，和人挥手告别，于是被毫不知情的司机撞倒。当倒车撞倒的是儿童时，很多时候受害人甚至已被碾压到车底，司机还没有觉察到。在不少的事故中，先是车的后轮撞倒了孩子，接着前轮又从他们身上碾压过去，然后车开走了。走了一段，父母才发现车道上倒着的孩子。现在每当我想起倒车，感觉就像赤身裸体端着一满杯即将溢出的硫酸穿过房间一样紧张。

表达意图，让行为可预测

我们都有过类似的经历：你正在拼车专用道上稳稳地开着，一辆车突然超车到你的前面；或者绿灯已经亮起，你准备驶出十字路口，一个行人突然走上人行横道；或者你正步行到人行道的拐弯处，一辆自行车从另一个方向飞快地向你冲过来。无论我们在开车、走路还是骑车时，出人意料的行为都不可取。走在路上就像在玩一个需要人人都参与的大型游戏，获胜的关键在于永远不要做出让他人惊讶的举动，也不要让别人给你意外“惊喜”。

如果你在一个没有红绿灯的十字路口观察行人，就会发现行人很善于表达他们的意图。他们会将身体前倾或后仰，并用肢体语言让细心的司机知道他们接下来要做什么。但当我们开车时，向周围人表达自己的意图就不那么容易了。在《转向灯就是汽车的面部表情》（*Turn Signals Are the Facial Expressions of Automobiles*）一书中，作者唐·诺曼严肃地告诫人们，司机在开车时很难将准确的意图传达给他人。当司机想转弯时，会使用转向灯去表达这个想法，但是转向灯并没有告诉别人司机什么时候会转弯。同理，还有倒车灯。当司机换到倒车挡并开始倒车时，假设后方的行人能够注意到，他们也只有很短暂的时间来对这一提示做出反应。

当我们驾驶着这些面无表情的汽车时，总会让别人去猜测我们的下一步动作，也总以同样的方式去猜测其他司机的行为。能够让自己平安玩到游戏最后的唯一方法，就是让自己的行为更容易被他人预测，并在推测他人行为时合理地把握对方给出的线索。我在走上人行横道前，总会先和旁边正要驶过的司机进行眼神交流，确保他愿意停下来，让我先过。

如果你想把这个概念以一种更艺术的方式表达出来，就去荷兰的街头看看吧。那里的行人和自行车自由地穿梭在马路上，以一种你能想象到的最有效率、最和谐的方式。刚开始看到时，你或许会觉得很恐怖，认为那些人和车马上就要撞到一起了。但因为行人和自行车都以一种可预测的方式穿梭其中，所以整个交通系统就有条不紊地运行着，如同钟表一样精准。马尔滕·赛义德（Maarten Sierhuis）是美国加利福尼亚州硅谷的尼桑研究中心的主任，他的团队研究了司机、行人和骑自行车的人之间的沟通方式，希望能设计出更具交流功能的汽车。赛义德是荷兰人，所以他非常了解荷兰的交通系统多么高效，与此同时又多么脆弱。在这种方式下，仅需一个外来破坏者，就足以让整个系统陷入崩溃。赛义德在最近的一次汽车主题会议中讲道："如果我在阿姆斯特丹看到一个骑自行车的人，我可以立刻分辨出他是本地人还是游客。"

车中的儿童

对儿童来说，乘坐汽车是导致意外死亡的首要原因。[44] 在美国，每天都有三名以上的儿童在汽车里丧生。我通常会向他人强烈建议让儿童尽可能少乘车。

现在 90% 以上的家长都会让孩子坐安全座椅和系安全带。但仍有少数坚持不这样做的人，40% 以上儿童在车祸中死亡的原因就是这一行为导致的。[45]这个数据告诉我们，只要使用安全座椅和安全带，儿童的车祸死亡率就能下降至少 40%。事实证明，若我们能更正确地使用这些安全防护措施，那么孩子就能更安全。[46]

美国儿童安全协会花了两年时间，共检查了 7.9 万辆汽车，以确定儿童安全座椅的正确安装状况。调查的结果并不令人满意。他们发现，用来固定座椅的缆绳的使用率“极低”。当人们购买的是多用途汽车座椅时，安装问题就变得更加困难。美国国家安全委员会的埃米·阿图索告诉我，这是因为正确安装安全座椅涉及我们不擅长的事情——阅读安全座椅说明书和汽车使用说明书。

如果你和我一样只有一个孩子，就会有充足的空间放置安全座椅。纽约州立大学布法罗分校所做的一项研究表明，将安全座椅放在后排中间位置是最安全的选择（当与来自侧面的车撞击时，可以保证孩子与其保持相对较远的距离）。[47]后排任意座位的生存概率都比前排高出 29%。

一旦你将孩子安全地固定在了车子座位上，下一项任务就是：无论你去到哪里，都要记得把他从车上带下来。在美国，大约平均每周都有一个孩子因滞留在车中而被热死。[48]导致这种情况的原因有两个。第一个是有些家长认为把孩子单独留在车里是没问题的。他们可能会想：“只是几分钟而已。”斯坦福大学的两名急诊科医生发表了一份研究报告，其中提到一辆汽车的温度在短短10分钟内可以上升20摄氏度，在20分钟内上升30摄氏度。一些人或许会说“没关系，我开窗户了”或者“今天是阴天”，抑或“外面才7摄氏度，里面能有多热”。斯坦福大学的教授驳斥了这些观点，并向世人展示在上述情形下，气温是如何上升到危险水平的。

儿科医生蕾切尔·马利娜指出，在高温环境中，儿童比成人更容易受伤。“儿童的皮肤更薄，能够储存的水分更少，体温调节系统也更差。”她解释说，成年人的身体可以让人在炎热的天气里跑几个小时，而不会中暑或严重脱水。“对10磅重的婴儿来说，可就没那么幸运了。”

第二个原因，是父母忘记孩子在车里了。还记得我们在前面提到的，即使是最轻微的分心也会让我们心不在焉，忘记眼前该做的事情吗？2009年普利策奖得主吉恩·温加滕（Gene Weingarten）曾详细描述过一个令人痛苦的事实[49]：许多人以为他们永远不会忘记汽车后座上的孩子，但后来确实发生了。我希望自己能邀请读者进入一架现代客机的驾驶舱看看。当我们需要抓住飞行员的注意力时，会同时使用视觉和声音警报，把驾驶舱变得像马戏团一样热闹。我们精心设计了这些提醒装置，最大限度地吸引人的注意力。然而，一个熟睡的婴儿无法给你任何提醒。我曾经看到过类似“请先检查再锁车”的提示牌，但如果你已经忘记了车上有个小孩，估计也不会记得这个提示牌的存在了。解决办法是你需要不断实践一个提醒自己的固定程序。钥匙，带了。钱包，带了。孩子，带了。我甚至想到过使用那种在飞行时会用到的红色标签，飞行员会将它们贴在重要的需要确认的东西上，起飞前一一检查完毕后再撕下来。或许我们可以把它贴在车里的驾驶位前面，以提醒自己。

未成年司机

相信你已经知道了，未成年司机是一个高危人群。但是更重要的是，我们要意识到是哪些原因造成了未成年在开车时发生的高死亡率。

青少年面对的第一项挑战就是他们首先要学会开车。他们在驾驶方面没有任何经验。谁应该负责教会他们呢？安迪·皮尔格里姆是一位赛车手，他在业余时间给青少年和他们的父母做有关安全驾驶的讲座。他毫不迟疑地指出："父母或许是孩子唯一的驾驶教练。"他坚持认为父母应深入参与孩子的学车过程。"有关开车的一切都应由你教授并验收，"皮尔格里姆说道，"不要对他们会什么做任何假设。让他们演示给你看。"

在你的孩子开车上路后，皮尔格里姆建议完成至少 100 个小时他所谓的"陪伴时间"，这指的是在孩子开车时，你坐在副驾驶上陪伴他，并留意观察。他甚至推荐当孩子不开车时，也要让他们进行"评论驾驶"，"让他们在副驾驶上不断告诉你他们看到了什么"。

青少年开车时面对的第二项挑战就是我们在前几章中所提到的：年轻人喜好冒险的心理。天普大学的马戈·加德纳和劳伦斯·斯坦伯格进行了一项相关的研究实验，他们让不同年龄组的司机玩一个游戏，并观察他们在游戏当中遇到十字路口的黄灯时的行为。研究发现，相比于成年组，青少年组的司机有更高的可能性在遇到黄灯时开过十字路口，而且当他旁边有其他的青少年时，他的行为会更加冒险。这项研究和很多其他研究的结果一致表明，十几岁的青少年在开车时更喜欢冒险，而且当有其他同龄人在车里时，其冒险意愿会更强烈。[50]

皮尔格里姆相信，我们在孩子面前的开车方式会让这一切变得不同。"你的孩子会模仿你，"他说道，"你在开车时做出的所有危险举动，他们会一一继承。"皮尔格里姆指出青少年会效仿父母驾驶时所做过的一切冒险行为，却没法具备父母因多年驾龄所具有的经验、技巧和判断力。若我们为孩子做了坏例子，我们就是在将他推向危险之境。皮尔格里姆告诉我们，即使你已在孩子面前有过一些危险的示范，现在开始改变也不算太迟。"要告诉他们你不会再那样做了，以及你为何不会继续那样做。"皮尔格里姆说道。

我们还要考虑到是否系安全带的问题。你知道吗，如今大约有 87% 的美国人会在开车时经常使用安全带。但一项研究指出，高中生在开车时按照常规使用安全带的人数比例只有 54%。[51]

年轻人或许会对此进行狡辩，其说法却有严重的逻辑缺陷。比如他们会说："这东西真的没那么有用。"我们可以通过科学的分析将这一想法粉碎。如果安全带真的没用，既然实际有 13% 的人不经常使用安全带，那么在因车祸撞击而死亡的人当中，没系安全带的人所占的比例应该还是13%才对。但实际上，这一比例是55%。我们可以用统计学当中的卡方检验来证明，这个数字的含义是：当车祸发生时，没系安全带基本就是自取灭亡。

还有一个老掉牙的借口："我不会开太远的，一会儿就到了。"对不起，对开车来说，短途就和长途一样，短途把长途中较为安全、不易出事故的部分拿走了。短途开车充满了停车场、出口、停车标志和十字路口这些元素，这些是致命车祸最容易发生的场景。13%的车祸就发生在车子从十字路口左转时。[52] 有人会说"车上有安全气囊啊"。没错，安全气囊将使用安全带的安全系数提高了约40%，但不能仅指望安全气囊。我最"喜欢"的一个借口是："万一出事了，我能用手撑住自己。"兄弟，请告诉我你的支撑力有多大？如果低于2.4万磅（约1.1万千克），那就麻烦了。因为这就是以30英里每小时的速度撞到其他小汽车时要受到的冲击力。还有人说："我开车技术一流，所以不用系安全带。"这很好，但请想到其他人不一定拥有和你一样棒的车技，万一是别人撞到你呢？最后一种："我是坐在后座上。"一项来自美国纽约州立大学布法罗分校急救医学小组的研究表明，坐在后座时使用安全带可以将车祸发生时的死亡率降低55%~75%。[53] 其实各年龄段的人都有这个问题，当他们乘坐出租或拼车坐在后座时，就不太使用安全带了。但你是否想到，此时开车的可完全是个陌生人，你为何如此信任他呢？

饮酒、吸毒和疲劳驾驶

政府和安全机构自豪地告诉我们，在过去的10年当中，因违规驾驶而造成的交通事故死亡率逐年下降。在2014年，只有31%的致命车祸涉及肇事司机饮酒或吸毒[54]。这个数据没有让我感到欢欣鼓舞。与此同时，我想告诉你，这31%的比例是平均到每一天、每一刻的数字。谁会在周二早晨喝得醉醺醺地去开车呢？工作日的时候，我们都要去上班，撞车大多由前面提到的那些原因所致。若我们看看周末晚上发生车祸的数字，就会发现超过50%的交通事故是由违规驾驶引起的，这当中70%的肇事司机被查出血液中酒精浓度（BAC）超过0.15。也许整体的数据正有所改善，但具体到周末的晚上，因违规驾驶而引起的车祸仍然让人心生不安。

为什么人们会在酒后驾驶呢？对一些人来说，问题可能是病理性的。一项对大学生进行的调查发现，约有58%经常酗酒的人会在酒后驾车，不酗酒的人中只有18%的人有过醉驾经历。[55]一个人如果只是适度地喝了些酒，则不会去开车。但如果一个人已经喝得很醉，就可能开车。而且，即使你很有自制力，也难以避免醉驾的司机将车突然开到你前面而引起的事故。在美国，平均每周会有7个人因醉驾而丧生。

所以，当我们要在周末晚上参加聚会狂欢时，该如何避免上面提到的这些问题呢？NHTSA负责人马克·罗斯金德（Mark Rosekind）告诫我们："要在事前做个计划。"尤为重要的是，在离开家门前就要做好计划，而且应尽可能周密细致。它不能仅仅覆盖你要去的部分地点或者只包含部分时间安排，而是一定要做到点对点，确保没有任何临时意外的出现。这样做的原因在于，一旦聚会狂欢开始，你的理智很可能就烟消云散了。[56]

很多研究当中都提到了酒精对人的判断力的影响，我们在此列举一个最能说明这种现象的试验。[57]三名研究人员进入一家酒吧，让人们在两个选项中任选其一，这两个候选项的风险等级有明显的差别。选择输赢的代价是什么？以命相赌吗？哈哈，并不至于。赢了的话，研究人员会请客，让被试免费再喝一杯。没错，如果被试能够做到停下来，仔细思索，找出风险低的那个选项，那么他们就有更多的机会获得那杯即刻提供的免费赠饮。但研究人员发现，当被试的血液中酒精含量越高时，就越可能搞错。这类研究的有趣之处在于，它们向世人展示了酒精是如何一步步影响人们的判断，并在短时间内发挥效力的。人们的感知和推理能力，以及获得免费再来一杯的机会，随着一杯酒下肚，便离自己越来越远了。

研究表明，计划失败的常见原因就是我们认为自己具备足够的自制力。比如我们想着“只喝两杯就停下”，或者“慢慢喝，不着急”。但总会遇到各种情况，让我们的计划覆灭。你是否注意到，这个地球上的任何一家酒吧都会推出特价酒水，原因在于这是提升销量的致命武器。研究指出，按平均值计算，特价酒水会让人比正常情况下多买 1.6 杯。啤酒乒乓球、掷骰子和扔硬币之类的饮酒游戏都会引诱你消费更多的酒水。在过去的几年中，鸡尾酒再次流行起来，它的特点在于，当你享受其甜甜的口感时会完全忽略它含有酒精的事实，直到你喝多为止。[58] 还有一项，就是同伴压力。这样的场景你应该很熟悉吧："干掉这杯！"

假设我们决定听从罗斯金德的建议，在聚会开始前先做一份计划。NHTSA 在一份有趣的报告中提醒我们要注意三大问题：谁会参加这个狂欢派对？这次派对的目的是什么？派对结束后，有哪些交通方式可供选择？这份报告为我们描绘了一个开车参加朋友的欢送派对的场景，展示出一个以上三大问题叠加在一起导致最高级别风险的案例。这个场景是：你在最好的朋友家中，这是一次意义特殊的场合，你结束回家时除了选择自己开车，几乎没有其他交通方式可选。NHTSA 在报告中将这种情况描述为"通常情况下，一定会发生醉酒和酒驾"。他们甚至认为，自己开车去参加这种活动的人，基本相当于"有预谋地酒后驾车"。[59]

在人们想凭借意志力控制自己喝酒的计划失败后，他们会怎么做呢？那些肯承认自己喝多了的人当中，大部分还是会选择自己开车回去，因为他们觉得不会出事，反正就这一次。他们安慰自己说，应该不会出车祸，也不会遇到查酒驾的人。猜猜看，无论你本人是否喝酒，你一生当中发生和酒驾相关的交通事故的概率是多少？[60] 基本上为 2/3。因酒驾而被抓的概率呢？美国疾病预防与控制中心（CDC）估计，每天大约有 30 万人酒后驾车。法院的统计数据告诉我们，每天大约有 4 000 人因酒驾被逮捕。[61] 通过数学计算，我们就能得出每天因酒驾被抓的概率是 1/75（1.33%）。这意味着如果你在一年当中每周出现一次酒驾，那么你被抓到的概率就是 50%。果不其然，一项调查研究显示，酒后驾车的司机在首次被捕前，已平均有 80 次的醉驾经历。

“是四点原因，而不是三点。”在我向罗斯金德保证我已涵盖了危险驾车的三点主要原因（分心、醉酒和嗑药）后，他回复我道。罗斯金德曾是美国国家航空航天局的睡眠专家，他在担任 NHTSA 局长期间，将疲劳驾驶也列入危险驾驶的列表中。[62] 罗斯金德是在搭乘我的车时告诉我这件事的。当时我刚对有 12 年车龄的车进行了一个月以来的首次清洗，然后开着它去接罗斯金德，并偷偷地在这之后将自己的车改名为“NHTSA 一号”。在路上时，我一直保持双手握方向盘的姿势，并注意不超速行驶。坐在车上的罗斯金德告诉了我一些令人震惊的数据。仅仅在美国，每年因司机疲劳驾驶所导致的交通事故就有 328 000 起，这一行为导致 109 000 人受伤，6 400 人丧命。他指出造成这种危险的原因不光是你整夜不睡觉，“仅仅是晚上少睡两个小时，其影响就已等同于醉酒了”。听到他的话之后，那一刻连我都觉得难以置信。

当时我正和他一起前往旧金山，参加在那里的科学家之夜活动。他的朋友，同样是睡眠科学家的马修·沃克（Matthew Walker）会在活动中做主题分享，内容是告诫台下那些疯狂热爱科学又正高举着啤酒，即将消磨掉夜晚的年轻人，足够的睡眠有多么重要。他分享的内容令我震惊不已：沃克在研究中发现，仅仅在每晚减少两小时的睡眠时间，就能让我们的身体机能受损，免疫功能下降，使我们更容易患上所有你能想到的疾病（包括癌症）。它也会严重影响我们的情绪稳定，甚至让男人的睾丸变小 30%。[63] 听完他的分享，到家后没过半小时我就上床睡觉了。我一直认为自己是坚定拥护熬夜族的战士。事实证明，罗斯金德和沃克是消灭熬夜族的高手，令我甘拜下风。

若想长寿，就远离汽车

电影《爱就是这么奇妙》（*L. A. Story*）当中有一个场景，史蒂夫·马丁（Steve Martin）开车去邻居家做客，邻居和他所住的地方仅仅相隔两栋房屋。他走过街道，发动了汽车，向前开了不到 40 英尺就到了目的地。这并不算什么。我认识一些住在宾夕法尼亚州的人，他们住的地方只相距 720 英尺，然而他们不但要开车去对方家里，有时候同时出发的几个人还会开着不同的车去。我之所以知道，是因为他们是我的亲戚。

在美国，83% 的人在出行时，无论距离远近，都选择自己开车。[64] 很多司机会告诉你说，这样做有很充分的理由。不过相信你在读完本章的前半部分之后，就会认同与其让自己迷迷糊糊地驾车开在危险的公路上，还不如老老实实做个乘客。

一些医生和学者会告诉你，步行和骑自行车才是更健康的出行方式。他们表示，一旦你更多地运动，患心血管疾病、中风、糖尿病、高血压、癌症、肥胖症和抑郁症的概率就会下降。然而在美国，只有 10% 的人出行选择步行。美国人平均每天走 5 117 步，远少于澳大利亚人每天的 9 695 步和瑞士人每天的 9 650 步。[65] 另一种选择是骑自行车，这相比步行就更小众了。34% 的美国人表示他们在过去一年当中还是至少骑过一次车的，而这当中的绝大多数人并不经常骑。[66]

针对这些步行和骑车让人更健康的言论，一些反对者提出，这种在户外的行动让人们吸入更多被污染的空气，世界卫生组织指出每年全球有 370 万人因空气污染而丧命。[67] 同样，步行和骑车还伴有被车撞到、被拦路抢劫以及被邻居家没锁好的狗咬到的风险。

那么，到底哪一方说的才是对的呢？我们要相信医生还是司机呢？

荷兰乌得勒支大学的一些研究人员对此进行了研究。他们建立了一个数学模型，模拟在一个 50 万人规模的城市中，市民都做出一项改变：对于短途行程，他们会选择骑自行车而不是开车。[68] 在这个场景中，人们仍然都保留自己时而开车的习惯，人们只是用自行车来完成自己短途和轻装时的行程。比如人们在接孩子的时候还是会开车，在去家附近的商店买面包、奶酪和红酒时，就可以把食物都放到篮子里，绑在自行车的后座上，然后一边哼着歌，一边悠然地骑车回家。

通过模拟模型的计算，研究人员得到的结果是：这些额外的锻炼可以帮助一个人延长一年左右的生命。与之相伴的负面因素是，出车祸、因地面不平而摔倒受伤、被行凶抢劫以及被狗咬这些危险发生的可能性，会让一个人的寿命平均减少5~9天。不过因为这样做以后，路面上的车更少，空气也变得更好了。将以上的种种汇总之后，便可得出，人们这样做之后可以平均延长323天的生命。这基本是将近一年的时间了。所以，你准备好了吗？你是否愿意选择为自己再多吹一年的生日蜡烛？

现在，请看到此处的你稍微休息一下，暂时从种种令人心烦气躁的安全事宜中解脱出来。让我们去找一个宁静美好的地方，在那里我们不必担心各种安全问题。它可能是阳光明媚的海滩。匹兹堡大学的两位心理学家表示，有规律的假期会延长你的寿命。[69]不过毫无疑问，度假也会让我们遇到各种潜在的危险，比如本想划船去历险却出了差错，遇到鲨鱼，食物中毒，遇上政治暴动或者被动物袭击。我倒可以向你推荐个更安全的地方，在那里，你不用担心会遇到任何风险，基本可以安全地度过一天的时光。

第十一章

工作安全

如果你想找个安全的地方度过一天，去上班吧。在美国，2014年全年共发生意外伤害致死事件136 053起，其中在工作场所发生的仅有4 005起，约占总数的2.9%。让我们来做下数学上的换算。假设一个人每天有35%的时间花在工作上，但只有2.9%的意外死亡率。我们人生50%的时间都在家中度过，在家中发生意外伤亡的概率却是50%。[1] 这些数字说明，你的家危机四伏，办公室才是世外桃源。

一些工作的性质让这一结果看上去十分合乎情理。在信息技术行业，2014年在工作场所发生的意外死亡事件只有35起，其中多数都是车祸导致的身亡。大约60%的美国人在办公室工作，他们的工作内容包括管理、销售、财务和其他的商业活动。20%的人在服务行业工作，他们会用到钻头、皮下注射针、枪支或者绞肉机。剩下 20% 的人在工作中会接触到大型器械或原材料，例如铁、钢制品、重型机械、渔业和农业设备、原油以及天然气。听上去更冒险的工作，实际的意外伤亡率也会更高，这并不足为奇。[2] 不过，2.9% 的低伤亡率也同样包含了这些危险职业（基本占到所有职业的一半）。这是不是更能说明上班是件十分安全的事？

在美国，2015 年每 10 万人中有 42.7 人死于意外伤害。这个数字反映的是像你和我这样的人在日常生活中会遭遇意外的可能性。让我们再来看看做那些听上去十分危险的工作遭遇意外伤害的可能性是多少。比如电线安装员，他们的工作地点是距离地面 50～200 英尺的空中，他们可能要被挂在直升机下面摇摇晃晃的缆绳上，或者是在强风中修理一根传输电量达到 11 万伏的电线。所以这种犹如高空松鼠的职业的意外死亡比例是多少呢？大概为每 10 万人中有 19.2 人。[3] 你没看错，电线安装员的工作安全系数，比我们下班后的安全系数高两倍多。那些整日在我们头顶工作的钢铁搬运工，每 10 万人中有 25.2 人会死于工作意外；建筑工人每 10 万人中有 9.2 人会死于工作意外；警察每 10 万人中有 13.5 人；消防员每 10 万人中有 8 人。[4] 只有伐木工人、屋顶维修员和捕鱼者，会比我们下班后遭受意外伤害致死的可能性更高。这个结果是否在你的意料之外？

以上的统计数据已清楚地告诉我们，每天最该为安全担忧的时间就是下班之后。然而，并没有一个人会在走出办公室时对自己说："打起精神，现在开始要提高警惕了。"统计数据以事实告诉我们应该这样做，但我们没有，原因是这恰好和人们的直觉相悖。

为什么我们在工作时会更加安全呢？原因在于，公司在确定运转流程时，完全遵守了本书提到的那些原则。就比如在航空业，飞行员之间会互相监督，空中交通指挥员会监督飞行员，空中交通指挥员之间又会互相监督。这样做是因为我们很了解人们的注意力局限。美国职业安全与健康管理局（OSHA）发布了长达 265 页的《工作场所安全与健康指导手册》（*Field Safety and Health Manual*），里面详细描述了人们在工作中应当遵守的各种标准，包括但不限于：室内空气质量、噪声、有害物质、安全通道、地面卫生情况、个人保护设备、坠落防护措施、急救方案和紧急事故发生时的管理和沟通预案。在工作中，人们完全做到了未雨绸缪和事前评估风险，并积累了大量经验，因此让现在的办公环境变得更安全。很多公司都努力营造安全办公的文化，积极提醒和推动员工注意相关事项。在办公场合，安全建议不仅仅是建议，更是工作要求。人们处于提倡安全的环境中，一举一动也会受环境监督和影响。员工通常每年都要接受安全知识的培训，确保对相关问题足够了解和重视。

美国国家安全委员会主席德博拉·赫斯曼告诉我们，工作场所安全性的改善都是近些年发生的事情。“在 20 世纪与 21 世纪之交，政府并没有出台任何安全标准，那时的工作是充满各种危险的，”她说道，“当年无论是在矿井、工厂还是铁路，工人的生命安全都未受到应有的重视。”而如今，公司在安全措施方面投入大量的资金，这些措施都是由绝顶聪明的人花费很长时间研究和设计出来的。为什么核心的改变发生在 20 世纪初呢？原因在于在现代社会，工伤的代价十分高昂。公司不但要支付受伤员工的医药费，还要承担停工带来的损失。找人替代也并不划算。如今的工作分工更加专业化，我虽然不知道你的工作职责是什么，但敢肯定想找人立刻替代你的岗位绝非易事。并且，公司在支付了医药费和找到替代之前受伤的人后，还会被要求支付更多赔偿。仅 2014 年一年，美国公司因员工受工伤就损失了超过 1 400 亿美元。[5] 所以，现如今在工作场所预防风险付出的代价远比危险发生后再弥补要小得多。

即便工作是你一天当中最安全的时间，就如前文所说，我们还是有 2.9% 的概率遭受意外伤害。有人可能会辩解说，我们现在已把这个概率降到有史以来的最低了，剩下的这一点点完全是复杂系统当中不可避免的随机事件。对此我只能说：一派胡言。我们仍有很大的进步空间。到目前为止，并不是所有的工作场所都遵守了相关的安全规定。每年美国职业安全与健康管理局都会发布数以万计的公告，指出有哪些工作场所存在何种安全上的违规行为，这些仅仅是被报道和发现的，并不包括那些漏网之鱼。如果我们不遵守当前已提供的安全规则，就还是会在工作时承担很大的受伤风险。如果不听从建议，做不到未雨绸缪，同时执拗地去冒某些风险，忽视自己会犯错的本能，就无异于引火上身。

2014 年 5 月 31 日，在一个平静的晚上，湾流 G-IV 型私人飞机的机组人员被准许起飞。这架飞机的机长驾驶这架飞机已 7 年有余，此时他正向前推动推力操纵杆，飞机开始在跑道上缓缓向前。当飞机到了跑道一半的位置时，机长试图向后拉控制杆，以便飞机倾斜，实现起飞。但无论他怎样拉控制杆，都没法让制动装置启动，看上去像是被卡住了一样。此刻飞机还在跑道上滑行，已达到可以起飞的速度，却无法起飞。这种情况发生时，哪怕飞机已飞上天，也会出现无法左转、右转以及落地的情况。

机组人员很快发现，出现这种情况是因为他们忽略了释放名为“阵风锁系统”的装置。阵风锁系统的作用是关闭飞机制动装置，避免出现强风时，停在地上的飞机被风吹动发生位移而受到损害。在接下来的 10 秒钟，机组人员任凭飞机继续加速，在跑道上飞驰了 7 011 英尺。此刻的飞机已达到时速 186 英里，跑道只剩下 1 373 英尺，机组人员开始紧急制动并向后拉油门，试图让飞机停下来。然而为时已晚。飞机冲出跑道，越过路堤，掉进河里，瞬间起火。机上的两名飞行员、一名空乘和 4 名乘客全部遇难。[6]

一个被遗忘的细节导致了一场不可挽回的灾难。我们在前文已提到过，人难免有忘事的时候。正因为如此，航空业有一系列飞机起飞前的安全检查程序，以确保避免类似的人为疏忽。在第一项检查中，清单里明确标注要在离开登机口之前关闭阵风锁系统。执行流程是一名飞行员读清单列表上的“阵风锁”，另一名飞行员经过确认后回复：“已关闭。”第二项检查是核对“飞机控制系统检查”清单。在这个检查程序中，飞行员要确认所有的控制装置在各个方向上都能正常使用，并宣布它们是“正确无误”的。如果此时阵风锁系统处于打开状态，机组人员就可以在这个环节发现控制装置无法正常使用，进而找出问题所在。而在上面的这起空难中，机组人员非但没有把阵风锁系统重置到正确位置，还忽略了两项重要的飞行前检查，这些检查本可以避免悲剧的发生。

负责调查这起事故的工作人员做了更进一步的挖掘。他们调出了这架飞机的飞行记录，查找到这些机组人员此前的 175 次飞行数据。数据显示，在过往 98% 的飞行中，机组人员都没有执行飞行控制检查。另一名飞行员曾和这名机长一起飞行过几次，他表示“没见过他使用正式的逐项检查清单”。这足以证明，此次悲剧并不是意外所致，而是长期违规和不良习惯导致的结果。

如何解释这两名有着 30 多年飞行经验的飞行员会不按照规则驾驶，导致事故发生呢?

我们认为自己很熟练

你有过在职场中培训新人的经验吗?不知他们会不会和新手飞行员一样有趣。新入行的飞行员的表现就像小天使一样。他们会完全遵照你的指示做事，如果做错了什么，就会露出很可爱的羞愧神情。但随着时间的推移，当他们积累了经验和自信时，就开始不再那么遵守之前学到的规则了。正规的程序对初学者来说十分有用，因为其中列出了他们需要注意的所有细节。不遵守这项程序，他就无法生存。可一旦他们对此非常熟悉，甚至到了蒙住眼睛也能做好的程度，就会认为再按清单做事太小儿科了。所以，他们不再按照规定的程序操作，而是按自己的方式行事。

“自满”[7]这个词，通常被用来形容有经验的人走捷径，不遵从既有规则。“自满”的含义是“一个人沾沾自喜的心理状态或满足于自己已有的成绩”。我并不喜欢用这个词，因为我认为它不能解释真正的原因。

让我们再重新审视下这场空难。当机组人员决定跳过起飞前的安全检查时，他们是怎么想的呢？节省时间和精力。这种走捷径行为的发生比想象中容易得多。在我自己开飞机或直升机的时候，曾做过大约 2 000 次飞行控制系统检查，却从未发现任何问题。完成飞行前的检查清单，对我来说更像是例行公事。经验告诉我，飞行控制系统出问题的可能性微乎其微。这架飞机的机组人员只是觉得他们不会碰到有问题的飞行控制系统，他们的判断是对的。

然而他们没有想到的是，飞行控制检查可以帮助飞行员检测出是否忘记设置阵风锁系统。但忘记它确实令人难以置信，因为阵风锁手柄又大又红，正对着副驾驶的膝盖处，而且它是机组人员视线范围内唯一的红色物品，如此显眼，怎么会看不到呢？难道这两名飞行员真的犯了如此低级的错误？如果我们查阅人类所犯错误的历史档案，就会不得不承认，即使是经验丰富的人，也可能犯低级错误。上千项研究证实了，哪怕在做极其简单的事情，人们也会出错，比如选择正确的激活按钮按下，读取一个仪表[8]，打字[9]，拨出电话号码[10]，或注意到眼皮底下的事。核管理委员会的两名研究人员发现，工人在阅读仪表盘、解读指示灯以及选择按钮时的出错率是

0.3%。这个数字不高对吗？别忘了，他们的工作地点可是核电站。[11] 就像我们在前面所讲到的，无论事情看起来多么清晰和简单，只要做过足够多次，我们总是会弄错或搞砸至少一次，或早或晚。

我认为骄傲自满不是这些机组人员习惯性地略过飞行安全检查的原因。他们也许只是未能理解检查清单背后的充分理由和其中包含的全部智慧。他们以为不这样做所冒的风险不过是飞机控制系统失灵，确实，在任何一天里，这种意外发生的概率都很低。但他们没意识到的是，他们还冒着因疏忽大意而导致的风险，疏忽大意是人性最基本的弱点之一。负责调查此次空难的美国国家运输安全委员会的比尔·布兰布尔（Bill Bramble）告诉我："很讽刺的是，制定飞行控制系统检查清单的起因，正是多年前发生了类似的事故。"

企业安全文化

这两名飞行员驾驶同一架飞机，一起配合飞行了 7 年多。若是他们从未相识，又会发生什么呢？如果我们单独询问两人如何看待飞行前的例行检查和是否认为会有人为失误出现，他们会如何回答呢？你觉得他们的答案会完全一致吗？你可能会想，或许他们曾经对此事的想法是不一样的，然而他们在工作中彼此配合了太久，会相互影响。和在其他场合一样，在工作当中，我们会受到环境和周围人的影响，与此同时也会影响环境和其他人。我们观察周围人的所作所为，并习得他们身上的习惯。其他人亦如此。

让我们来比较一下两种不同的职场文化，以此来辨析相互影响对于人们的利弊。在一家大型航空公司里，任何一名飞行员基本每周都会和不同的人搭配去执行飞行任务。在这种情况下，一旦这家公司已花时间建立起安全导向的企业文化，任何人都很难做出偏离安全规程的事。如果有一名机长从不在起飞前对照清单做安全检查，用不了多久其他和他共事过的人就会提出这个问题。他们可能会直接指出这位机长的错误，或者向上级汇报，或私下议论这位机长。无论哪种做法，不做起飞前的安全检查这件事很快就会被公之于众。在这种企业文化背景下，来自周围人的压力会让工作人员更倾向于遵守规章制度。

但在一个安全意识淡薄的企业里，或者员工的工作方式更多地以小团体的形式为主时，就是不同的情形了。比如出事飞机上的那两名飞行员，多数时候他们两个人都是一起工作。这样他们就更可能按照自己的做事方式安排工作，且不用接受更广泛的监督。他们在之前的 175 次飞行中都略过了起飞前的安全检查步骤，却没有任何人知道这件事。直到出事以后，调查人员翻看过往记录才发现了这种情况。

你会觉得我是在用个例以偏概全吗？那我们再来看看统计数据。目前每 100 万飞行小时就会发生 1.4 起导致人员丧生的飞行事故。[12] 在私人航空飞机的航行中，这个数据是每 100 万飞行小时发生 14 起。后者是前者的 10 倍之多！这当中必然包含了很多原因，但不可否认的是，安全飞行的文化和熟悉的飞行员之间相互影响是不可忽略的重要因素。[13]

这种现象并不仅限于航空业。在工作当中因小群体而形成的亚文化会和公司整体的文化氛围和行为方式有所不同。[14] 如果你身处这样的工作环境之中，就要小心了。美国国家安全委员会的统计学家肯·科洛什（Ken Kolosh）指出，在建筑工地上发生的致命事故中，有 52% 都出现在合同工或临时工身上。[15] 科洛什因此提示我们，当一个人暂时进入一个新的工作环境中，尚未对其安全文化有所觉察并融入时，发生危险事件的可能性就升高了。

让我们再来想想因认为自己足够擅长而不再遵守安全规章的这种行为。你是否会意识到，这也会影响工作环境的安全文化。比如在航空业，一些机长确实不认同某些操作规范，他们会按照自己的方式行事，而又不会太过偏离标准或有所遗漏，仅仅是不同的做事风格所致。虽然这样做不会影响安全，但机长可能不会意识到，他们的这种举动可能会对和他们一起配合的新手飞行员造成困扰。因为作为新人，他们会和很多机长搭配飞行并学习。站在他们的角度，若机长的操作方法都不同，那么会给他们造成什么影响呢？他们会认为，在飞行指南中列出的操作规范，不再是需要遵守的规程，只是一些仅供参考的建议。

遵守规则更安全

现在，我们已认识到了如果不遵守工作场所设定的安全规则，会面临怎样的危险。因为这些规则是前人已思考过本书中提到的各种情况后积累的智慧结晶。这对我们来说十分珍贵，因为它已包含了我们应如何应对自己未想到的风险和可执行的防范措施。如果你是一名飞行员，如何才能避免类似前文提到的那场空难发生？答案必然是遵守例行的飞行前检查，完成清单的核对。这份清单不但能帮你查出可能的飞机部件损坏，还能帮你弥补因一时疏忽造成的人为问题。

那种“我已深谙这一切，并完全有资格用自己的方式去操作”的感觉确实太有诱惑力了，至少我对此无法免疫。在业余时间里，我用独创的方式处理日常事务，至少受伤过一次。但在过去的 25 年当中，我累计飞行 4 000 多个小时的航程，我已养成了完全遵守飞行规则和程序的习惯，因此从未出现过任何差错。这是一个不容忽略的事实：遵守规则让我更安全。如果你因为我开飞机而担心，不如担心我不再开飞机而选择做其他事情。

把工作中的高安全系数带回家

2014 年一年发生了 4 005 起工作时发生的意外死亡事故，与此同时有 47 732 人因为在家受伤而被送往医院急诊中心。这一数字不禁让我想到，我们是否可以想办法，让自己在家和在工作场所时一样安全呢？我们真的可以让去超市和做晚饭这些日常琐事，变得和被挂在直升机下摇摇晃晃的缆绳上，在强风中修理高压电线一样安全吗？我知道你是怎么想的，你会认为，这简直是天方夜谭。

工作时，有许多和安全相关的流程设置确保我们会更加谨慎和注意。如果想让家中和办公场所一样安全，就要请安全员定期来家里进行安全检查。他们会检查电线，查看走廊和过道是否畅通，有没有堆放任何不安全的物品。他们还会检查地面卫生情况，确保每个人身上都有合适的防护设备，并确定安装了防坠落设施。他们还会检查急救箱和灭火器，确保家中的每个人都已接受了相关培训，会使用这些工具。还会有巡视员不定期地开车跟在我们后面，观察我们在开车过程中的一举一动。若被查出有错误行为，对不起，你会被吊销驾照。同时，请不要忽视和安全相关的匿名举报系统。不过这个可能难以实施，因为一旦你的配偶发现自己开车时的行为被举报了，第一时间就会想到那一定是你干的。

在工作场合还有一件事是我们在家里无法办到的。我们上班时做的事情都是自己擅长的内容，擅长到雇主要花钱请我们做。而在家中，无论做什么事，我们都属于业余选手。一旦跨出了自己的专业领域，危险也就随之而来了。德博拉·赫斯曼总结了我们在不工作时会更危险的内在原因："当我们完成日常事务时——无论是开车、服用处方药还是下楼梯，这些琐事都不是我们擅长和热爱的。"

下班之后，我们就很难继续保持在工作场合时的观念和心态了。8个小时持续高强度的专注已让我们疲惫不堪。特技演员吉尔·布朗讲述了她在拍完《致命电话》（*Cell*）后发生的一件事，她因为在这部影片当中的杰出表现而获得了最佳高空特技奖（完成精心设计的高空坠落动作）。[16]“那天拍摄结束回到家，我累得不小心碰到浴室的架子，把自己撞晕了，”她很骄傲地对我说，“那个架子已摆在那里很多年，而我那天竟然没有注意到。”我的同事埃德·哈钦斯（Ed Hutchins）是认知人类学家，他指出人们经常用来描述工作和不工作的词语是“上班”和“下班”，类似于“开”和“关”。我们可以想象自己的头脑中有一个“是否要保持谨慎”的开关。一旦我们离开工位，下班回家，这个开关也被关上了。

所以，把职场中的高安全系数带回家，并不像从办公室的洗手间带走一卷厕纸那么简单。在工作场合之外的环境里保持安全，是一道难解的题，我们需要掌控更加危险并且非结构化的环境，而且实施和安全相关的举措和行动的动力都要来自我们自己，而非外界强迫，这不应该成为我们为之努力的阻碍。在家里，我们同样有很多机会让自己像安全专家一样思考。当我和美国国家安全委员会的德博拉·赫斯曼讨论该如何更加安全地使用梯子时，她的回答令我备受激励。她说道：“每当看到我老公在梯子上的时候，我都会提醒他，万一摔下来，记得往灌木丛的方向跳。”赫斯曼花了大量的时间去思考如何在家里时也能像在工作时一样安全：做到未雨绸缪，设定应急预案，并且在对待日常事务时拿出对待工作的态度。赫斯曼自己已实现了这种观念上的转变。她的团队相信我们也可以做到。

在工作中，为了保护自己和他人的安全，我们应该充分参与这个大而昂贵的、并不总是容易被理解但确实卓有成效的安全系统。

当你发现情况不妙时，请大声说出来，让结果变得更好。接下来，让我们继续从安全的角度剖析生活当中的种种情景。先从简单处入手，比如我们如何在火灾发生时从一扇安保性能完备的大门内逃出。一些危险因为十分少见，所以常常被人忽略。然而正因为我们忽略了它，一旦它真的发生就更容易引发灾难。

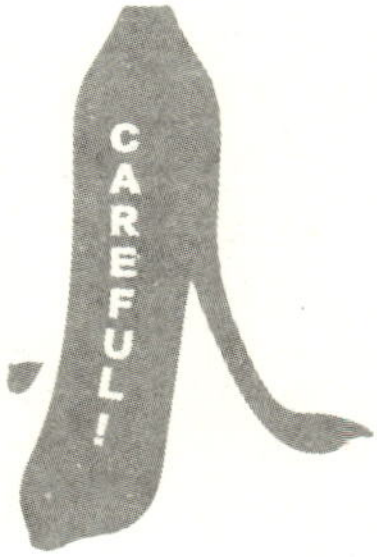

第十二章

突发事件和自然灾害

快速浏览100部最卖座的电影名单，你会发现无论何时都少不了大楼着火、地震海啸或是惊心动魄的龙卷风情节。看电影时人们也往往钟情于灾难片。为什么会这样呢？难道我们就喜欢看别人遭受苦难吗？当然不是！在电影《超人：钢铁之躯》（*Man of Steel*）中，当看到凯文·科斯特纳（Kevin Costner）扮演的角色回家救宠物狗却被龙卷风刮走时，我们会情不自禁地流泪。我们希望看到的是人们拥有能够战胜自然的力量，生存下来并拯救他人。这正是灾难片在安排了一个多小时的各种可怕场景后，在末尾处为观众呈现的美好结局。

美国联邦应急管理局（FEMA）的调查结果却显示，当涉及真实世界的灾难应急准备时，多数人并未付出努力。[1] 在2012年，只有39%的受访家庭表示他们曾讨论过突发事件的应急预案。70%的受访家庭表示他们储备了额外的水和食物，这样做的原因可能不是为了在遇到灾害时应急，而是不想天天去超市采购。32% 的受访家庭表示家里备有急救包。当紧急情况发生，电话网络中断时，拥有一台用电池供电的收音机将大有裨益，但在采访中表示有这种收音机的家庭只有 20%。只有 16% 的家庭备有点灯笼和生火用的火柴。在有孩子的家庭当中，只有 48% 的家庭表示曾和孩子讨论过火灾，只有 30% 的家庭曾计划并演习过当家里着火时该如何逃生。[2]

为什么我们会一边迷恋看灾后重生的电影，一边又对现实中可能发生的灾难无动于衷呢？为什么每年有成千上万的人死于大火或自然灾害，虽然他们本有机会逃生？你猜对了，又是氪星石在作怪：我们认为坏事不可能发生在自己身上。

认为“灾难不会发生”

一些人认为灾难不会发生在他们头上，但就像我们在前文提到的，你真的对灾害发生的真实概率有所了解吗？你认为在你的一生当中，家中着火的可能性有多大？我所指的着火并不是灶盘上的锅被烧出火苗，放在水龙头下一冲就灭的那种，而是要叫消防车的火灾。答案是，你的一生中家里出现火灾的概率是 1/4（每年当中，每 320 个家庭里就会有一个家庭发生火灾）。[3] 还记得当飞机遇到紧急情况，人群发生骚动时，机长在广播里的语气吗？请想象一下我以同样平静的口吻和你讲出以下的内容：“请放轻松。在可能的空难发生在你身上之前，你的房子已被烧毁 280 万次了。”

酿成家庭大火的原因往往是些小事情，比如一时疏忽，犯了个小错或小小地冒个险。[4] 因无人照看的炉灶或者烤箱而引起的火灾，占所有家庭火灾总数的 43%；小朋友趁家长不注意玩火引起的火灾占 12%；未熄灭的蜡烛或香烟引起的火灾占 8%；未被检查或维修过的家庭取暖设备，如锅炉、电暖气、燃木火炉或者壁炉引起的火灾占 15%。几年前，当我参观旧金山的一个消防队时，一名消防员的话令我印象深刻：“当人们不再使用蜡烛或者不再用微波炉做爆米花的时候，就是我失业的时候了。”如果我们对比当年和现在的家庭火灾数据，就会发现那时候的情况比现在要好得多。

再来说说自然灾害。在美国，仅 2015 年，就发生了十几起热带风暴侵袭海岸事件，还有 1 177 次龙卷风，几乎横扫整个国家。同样在美国，每年会发生 550 起因天气原因导致的意外致死事件。如果你生活在环太平洋地区，那你就正身处地震与海啸的高发地带。严重级别的并不常见，可一旦发生，就会造成巨大的人员伤亡。仅在美国，每年就有近 2 000 人死于极端天气，包括严寒和酷暑。[5]

美国联邦应急管理局告诉我们，91% 的美国人生活在自然灾害发生风险处于中级到高级的地区。然而在调查中，只有 46% 的受访者知道并承认这个事实。但仅仅知道自己生活在高危地区并没有太大帮助。在一项针对洪泛区居民的调查中，40% 的受访者表示他们并不认为自己在未来还会遭遇洪水。[6]《时代周刊》在 2006 年的调查中得到了一个更令人困惑的结果：50% 的受访者表示他们已经历过自然灾难或突发的公共危机事件。[7] 为何人们已经历过，却仍做不到事先防范呢？为什么在飓风、龙卷风、洪水或地震中幸存后，他们就认为自己再也不会遇到类似的危险？这种事情并不会“一旦经历，终身豁免”！世界气象组织用26个字母命名了一组热带风暴，它们的特点就是每年都要重复发生一次。

“灾难可能会发生，但我不会有事的”

或许在内心深处，我们并没有对火灾和自然灾害感到恐惧。虽然我们在电影院看到类似场景时会被吓得目瞪口呆，然而面对现实生活中同样的灾害，我们显得十分麻木。阿曼达·里普利（Amanda Ripley）在《生还者希望你知道的事》（*Unthinkable*）一书中提到了一项由哈佛大学公共卫生学院所做的调查[8]，25%的受访者表示，即使在暴风发生前已经听到了强制疏散令，他们也不会撤离。在这些认为自己可免受暴风伤害的人中，2/3的人表示因为他们相信自己的房屋足够坚固，可以抵挡恶劣天气的威胁。居住在拖车里的人中，2/3的人表示他们会坚持待在拖车中，相信暴风来临时那里足够安全。我曾和生活在海湾沿岸的梅纳德·J. 法克特（Maynard J. Factor）聊天，他也在安全行业工作。“一些人还是会在海滩上建造房子，”他说道，“同时还会有人举办飓风派对，因为最佳的冲浪时机就是暴风来临的前一天。”

“政府会派人来救我的”

一些人认为政府一定会在火灾或自然灾害发生时前去营救。“我们在新奥尔良看到了很多这样的人，”美国疾病控制与预防中心（CDC）通信联络部副主任戴夫·戴格尔（Dave Daigle）说。美国疾病控制与预防中心是专门负责维护公共健康和安全的机构。“一些人就一直等在那里，想着会有人来救他。他们会问：“政府什么时候到？”或者大声嚷嚷着：“政府做的还不够！”

一些人并没意识到救灾资源的稀缺性。之所以有红十字会这样的独立救援机构存在，是因为政府没有足够的资源可以投入应急救灾中。例如在 2011 年，这一年美国遭受了地震、海啸、龙卷风、洪水和飓风的侵害，美国联邦应急管理局的资金消耗殆尽，只能缩减预算，到了必须搁置灾后修复项目的程度。[9] 明白了这个道理，你就会记得，下次洪水来时，千万别指望政府机构拿着热咖啡和三明治，开着冲锋艇到你家中，营救被困在屋顶的你。

提前准备也无济于事

来自联邦应急管理局的另一项调查显示，只有 68% 的人认为提前为自然灾害的发生做好准备是有用的。[10] 这就是说，另一部分人认为哪怕做到未雨绸缪也于事无补。对此我仅需举一个最简单的例子就可以反驳：飓风发生时，超市是不会开门的。如果你没有提前储备食物和饮用水，你该怎么办？要做到这点并不费力，你只需买些瓶装水和应急食物，放在床下或者衣柜里就可以了。如果还能存放蜡烛、火柴和使用电池供电的收音机，那简直是锦上添花。“和什么也不做相比，做好防范并不需要花费太多时间精力，却会产生截然不同的效果，即使你只是做了最基础的一点点准备。”戴格尔说。他指出，做好灾难时的应急准备，不但对自己和家人有益，也能帮助其他的受灾人员，因为这样做会更少占用公共救援系统的资源。“这样的人会很快从逆境中恢复过来，并且更少需要他人给予援助。”戴格尔说道。

让我们再来想象一下，若灾难发生时有人受伤了，并且需要医疗救护（也可能是紧急情况下的医疗救护），等待专业人士的到来，可能需要几个小时甚至几天的时间。现在，如果你参加过急救培训（一个只需要一天的培训项目），并储备了相关的物资，就可以及时处理伤员，而不用焦急地被动等待了，不是吗？这些年来，急救培训已在各地普及，因为当危机发生时，是否参加过培训，就是生与死的区别。

家用烟雾报警器的使用在2004年达到了空前的高峰，现在大约96%的家庭都已安装它。[11]没有安装的4%的家庭发生火灾的次数，占房屋建筑火灾总数的27%，以及所有家庭火灾总数的37%。因烟雾报警器电池没电而酿成的火灾，占家庭火灾总数的8%，这当中有23%的火灾造成了人员伤亡。所以，可以这么描述：家用烟雾报警器可以在火灾来临时发出预警，让你有机会第一时间逃生。而不安装烟雾报警器就像掩耳盗铃，当危险真的发生时，你很有可能错过最佳的逃生机会，只能仓皇而出，甚至毫无知觉就已丧命。

我们再来谈谈海啸。海啸是由地震等海底剧烈震动引发的巨浪。一旦海啸爆发，海水就会以每小时500英里的速度冲向海滩。感谢2008年在太平洋中安装的深海评估与海啸报告装置（DART），我们现在可以收到海啸发生的预警信号，具体的提醒时间取决于震源与大陆的距离。你最好事先就想好一个逃生的目标地点（一定是地势更高的地方），而且在你通过收音机、电视或智能手机收到海啸预警后，请以最快的速度执行之前的逃生方案。是否能做到，是个生死攸关的问题。

"管它呢，无所谓"

阿曼达·里普利指出，对自然灾害漠不关心的态度已融入我们的文化之中。"我们对自然界的风险全然不顾，在台风带建造摩天大楼，在断层线上修建居民区。"她在书中写道。一些思想家用"渗透式冷漠"来形容上至城市规划者、开发人员，下至使用者所一致表现出的，对发生自然灾害风险缺乏警惕的现象。

当我们搬到一个新地方时，总会对附近有哪些好吃的餐馆更加感兴趣，而不会去问这里有过什么自然灾害。服务员也不可能走过来对你说："让我向您介绍一下今晚的特色菜，以及最近发洪水导致的死亡人数。"

美国疾病控制与预防中心的戴夫·戴格尔对此总结道："人们已习

惯性地忽视自然灾害的风险。然而终有一天，将必会因此自尝恶果。”

被动冒险[12]比主动冒险更容易出现

面对火灾和自然灾害的态度还揭示了我们看待风险时的另一种扭曲的观念。我们会发现，自己宁可处于风险之中什么也不做，也不愿采取行动避免风险。想象一下，你的朋友想要说服你去跳伞。此刻你就坐在飞机的舱门内，身上也背着降落伞。在这个案例中，你需要主动采取行动，即完成跳下去这个动作，才算冒风险。避免风险的办法就是你什么都不做，老老实实地待在飞机里。为火灾和自然灾害提前做准备却恰恰与之相反。什么也不做是更容易的选择，却是冒险的行为。

心理学家花了很多年时间来研究人们为何会主动冒险，在近些年才开始挖掘人们被动地承受风险却无所作为的原因。以色列的两名研究人员告诉我们，和故作勇敢、寻求刺激的主动冒险不同，被动冒险似乎另有原因，我们对此尚未完全掌握。这不重要，此刻最重要的就是你能意识到，对待火灾和自然灾害时毫无准备，就像从飞机上跳下去一样，十分危险。

“灾难发生时，我就会立刻采取行动了”

指望自己能有临危不惧的表现，基本不太可能做到。虽然人们很容易有此设想，但一项又一项的研究已表明，当突发事件到来时，绝大多数人都会惊慌失措，即便那些被精心挑选并受过严格训练的人也会如此，比如飞行员。理查德·热旺（Richard Geven）既是民航飞行员，也是我的同事。我们曾在多年前一起研究过民航飞行员面对飞行过程中突发事件的表现。我们将这个研究命名为“哦，见鬼！”[13]，原因是我们查阅了许多驾驶舱记录仪里的声音记录，发现一旦有紧急情况发生时，每个飞行员都会冒出一句：“哦，见鬼！”我们的研究重点是，比较飞行员在处理熟悉的紧急情况和不熟悉的紧急情况时是否有不同的表现。研究的结果正如人们所料。在航空界有一份通用的紧急事件清单，飞行员每年培训时都会复习清单中的内容。果不其然，当我们提供的是这份清单中出现的紧急情况时，他们都能处理得很好。但当我们提供的是清单之外的内容时，结果就大不一样了。飞行员似乎有些手足无措，不知道接下来该怎么办。

所以，你真的认为自己可以在灾难发生时立刻采取有效行动吗？根据我和热旺的研究，在危急情况下自如应对的唯一办法，就是在事前多预想和演练可能出现的各种情况。只有这样，才能做到一旦灾害来临，你已提前做好准备并可以立刻按预演的方案采取行动。

偶然事件的风险

我查阅了 2012 年美国联邦应急管理局的调查报告，里面有一些内容是询问受访者：当出现地震和龙卷风时，你该怎么做？[14] 在有关地震的问题中，人们的回答很糟糕，只有不到 51% 的正确率。但在有关龙卷风的题目中，结果却出现了不同，平均的正确率达到 78%。而且如果把其中的一道题目去掉（这道题目是当出现龙卷风时，把车停到天桥下是不是一个好主意？正确答案为不是），正确率会上升到 88%。为何在有关龙卷风的问题上，普通人都能达到专家的水平呢？

马特 · 弗里德里克斯（Matt Friedrichs）在美国堪萨斯州不来梅的一个农场长大，这里被气象学家称为“龙卷风走廊”。在获得了堪萨斯大学新闻学学士学位后，弗里德里克斯在旧金山湾区的一家报社工作了 3 年，我们当地人把这个地方称为地震带。之后他在另外的地方找到了一份体育编辑的工作，那里有著名的康涅狄格州飓风。如今，弗里德里克斯搬回他小时候生活的位于龙卷风走廊的农场，和妻儿、父母一起生活。

弗里德里克斯认为自己从小在家乡长大，所以对龙卷风了解更多。他提到每年会看到几十次天空乌云密布。“在美国的中西部，几乎每个人都有过因恶劣天气躲进地下室或者去公共紧急避难场所的经历。”他说道，“人们会关注天气预报和雷达，收音机和电视每天也会多次谈论天气，所以人们会时常想着这个问题。”

但在他为我讲述了最近发生的一次龙卷风后，我敢肯定，弗里德里克斯对龙卷风的了解程度比他自己认为的还要深入。“开始时我们得到的消息只是雷暴预警，”他说道，“但我感觉不止如此，因为我发现所有的东西都被风吹向了错误的方向。”只有飞行员才需要学会读懂天空和风向的信号，我发现弗里德里克斯虽然未经训练，但也能准确观察和判断风向。

当我再次思考人们对地震和龙卷风的回答时，我才意识到，这恰恰验证了心理学家花了上百年时间研究出的有关如何有效地教和学的道理：想要真正掌握某项技能，就要规律地、持续不断地练习。无论是要记住“一战”中发生的事件，用尤克里里弹奏一首歌曲，还是在灾难发生时该如何做，都需要定期地重温，哪怕仅仅是在脑海里，否则我们就会忘掉。一项又一项的研究表明，死记硬背行不通。通过死记硬背，你或许能通过明天的考试，但从长远来看，通过这种方式记住的东西，你都会忘记。在美国中西部，龙卷风是经常发生的威胁。它逼迫我们不得不持续地学习该如何应对。然而在这里，地震很少发生。它就像不常在教室里出现的老师，并没有教过你什么，期末考试时你只能靠运气看是否通过。

文化传播的影响

弗里德里克斯的亲身经历得以解释为何美国中西部的人群会在龙卷风测试中取得不错的成绩，但为何其他地方的人也能做到呢？为什么不生活在台风带的人也会对龙卷风如此了解？美国联邦应急管理局的测试显示，不生活在地震带的人根本不了解地震。为何龙卷风的相关常识会如此深入人心？我自己从来没有经历过龙卷风，却不知为何对防风地窖、罐头食品、应急灯和干火柴这些都有所耳闻。我生活的地方就在圣安德烈亚斯断层之上，但即使在几个月之前，我都认为地震发生时往门口跑是个好主意（事实上完全不应该这样做）。为何我能对只去过一次的地方发生灾害时该怎么做如此了解，却对家门口随时可能发生的危险一无所知？

出现这种情况的原因可能是我们看了相关电影。在过去的 50 年当中，电影《龙卷风》（*Twister*）基本是最受欢迎的灾难片。这部电影虽然把人吓得不轻，但也提供了一些在龙卷风来临前的正确应对方式。比如开场的一幕，一位农民一直关注天气预报，当得知 5 级龙卷风就要来临时，他带领家人躲进了防风洞，里面已备好了各种应急物品。

我的同事帕特·墨菲（Pat Murphy）是美国国家海洋和大气管理局（NOAA）的预警协调气象学家。她告诉我，电影《龙卷风》的上映甚至使得申请气象学专业的学生人数激增。电影当中提到的俄克拉何马大学的气象系，在电影发行后的短短几年里，学生人数增长了两倍。“我们把这些学生叫作《龙卷风》的孩子。”她说道。

然而电影大获成功并不是让我们对龙卷风多加防范的原因，真正的原因是电影激发了人们对龙卷风的恐惧[15]，这才是根本原因。与此同时，这种恐惧已渗透到日常生活中。1978 年的一项研究发现，人们会高估自己在某一时刻被龙卷风杀死的可能性。我曾经在幼儿园操场问女儿各种自然灾害是什么样子的。她当时 5 岁，一直生活在旧金山。当我问到地震时，她回答道：“地震并不可怕。只不过你的房子会前后来回地摇摆。”我接着问她龙卷风是什么样子的，那时的她从未在电视或现实中见过龙卷风，然而她告诉我：“龙卷风很危险。它会把人卷走，然后你就再也回不来了。”

这是否说明通过文化传播真的可以唤起民众对某种灾害的警觉意识，哪怕这种灾害只在一部分地区发生？这听上去值得我们进一步探索。

僵尸带来了新机遇

当我们还在对着无聊的安全指南、应急说明小册子和不卖座的关于台风或地震的纪录片打呵欠时，已有 100 多万人跑到了商店，去抢购《僵尸生存指南》（*The Zombie Survival Guide*）了。这可是一本名副其实的生存培训手册，其中详细讲解了当遇到僵尸时，人应该做什么和避免做什么。你也许会认为这并没有什么，人们只是用它来找乐子，不会当真的。你还真以为他们会认真研究僵尸进化史，并随时温习，就好像要参加这门课的期中和期末考试一样？事实证明，确实如此。推出此僵尸指南的公司，在 5 年之后又推出同主题的游戏卡片。

这场如火如荼的僵尸热引起了美国疾病预防与控制中心的注意。他们发现，这和他们一直以来想宣传的内容有很多重叠的地方。你要为僵尸爆发时提前准备的物品，和应对火灾及自然灾害时需要的物品并没有差别。当你想提防僵尸的时候，也需要储备能量棒和应急照明装置。战胜僵尸所要做到的未雨绸缪、提前制订计划和学习基本的生存技能这些关键点，和美国疾病预防与控制中心长期向人们宣传如何抵抗自然灾害的内容如出一辙。所以，他们发起了一场以应对僵尸为主题的活动，借此来倡导防范真正的自然灾害。

这场僵尸主题活动是由在美国疾病预防与控制中心工作的戴夫·戴格尔提出的。戴格尔是一名退役的陆军坦克军官，他和他的团队为此虚构了一个充满冒险情节的剧本，描述一对年轻夫妇刚刚得知自己生活的地方即将有僵尸入侵。就像我们在电影《龙卷风》里看到的一样，这对夫妻开始准备逃难，他们时刻关注着媒体的最新报道，亲手准备应急物资，制作了应急工具包，并制订了逃生计划。在剧本的结尾（剧透提醒），如果你已按照上面的情节完成了所有步骤，那么你也同样掌握了在真实世界里为大部分自然灾害做好准备的技能。戴格尔告诉我说，他被美国经典电影有线电视台邀请去电视剧《行尸走肉》（*The Walking Dead*）的拍摄现场，并和剧组人员见面。我问他第一次见到这些活着的“僵尸”时感觉怎么样。“实在是太棒了。”他回答道。

这场活动的结果如何呢？美国疾病预防与控制中心为此新建立的僵尸网站就像病毒一样传播开来。[16] 上线的第一周，网站就有了 2 324 517 次的浏览量，并在之后的几个月里迅速飙升，达到 36.7 亿次的访问量。不出所料，网站的主要用户都是年轻人，这正如戴格尔所想的那样。他希望通过年轻人和他们关注的僵尸，来带动整个社会改变对自然灾害漠不关心的态度。“我还记得自己刚刚加入美国疾病预防与控制中心应急部门时的情景，”他回忆道，“那时我的孩子问我，家里是否有应急工具包？当出现紧急情况时，我们是否有一个预先想好的集合地点？这令我羞愧不已。”这并不像是孩子就可以决定的家庭活动，不是吗？“在我们家，孩子的表现经常让我自愧不如，”戴格尔说，“他们对此十分擅长。”

这场僵尸运动引发了人们热烈讨论的同时，也带来一个问题：这样做真的能促进人们对僵尸入侵之外的其他灾难做好积极准备吗？事实证明，引发讨论真的会对行为改变产生帮助。美国联邦应急管理局发起的年度调查采访了 2 013 个家庭，询问他们过去是否读过、看过或者听说过和灾难应急准备相关的内容。[17] 63% 的人给出了肯定回答。这些人当中，有 55% 的人表示他们已开始行动，为突发情况做更多准备。这些开始行动的人有一个典型的特点，就是他们和其他人讨论过灾难应急准备这个话题。从心理学的角度来看，这是一个很有趣的结果。如果我们听到有人在话语间提到了“地震”或是“火灾”，那么这个人更有可能已为突发灾难做好了应急准备。那些会聊到此话题的人，往往就是会采取行动的人。所以，如果我们能够让更多的人参与有关灾难应急准备的话题讨论，就会有更多的人行动起来。但这份调研同样暴露了一个令人担心的问题，就是在过去的 5 年当中，会和他人讨论自然灾害相关话题的人数出现了明显的下降，从 41% 降到了 31%。如此看来，为了引起人们对防患自然灾害的关注，引发和制造与之相关的热门讨论话题可谓明智之选。

从哪里获取防范自然灾害的信息

虽然电影帮助我们提升了防范自然灾害的意识，但不能真的指望它来教你怎么做。[18]“这种想法非常危险，”加利福尼亚地质调查局的工程地质学家里克·威尔逊（Rick Wilson）如是说，“因为观众无法将科学事实和科学幻想二者区分开来。”

美国疾病预防与控制中心、美国联邦应急管理局、红十字会、美国国家安全委员会以及许多州和地方政府的网站上都有可以信赖的信息，能帮助你做好准备。而你需要迈出的第一步，就是轻点鼠标。你将看到要为火灾和自然灾害做哪些物资储备。其他的应急准备建议还包含如何为突发情况做好逃生计划，无论你是在家中、办公室还是其他地方，也无论事件是发生在白天还是夜晚。这些专家会和我一样，建议你带领家里的每个人演练逃生计划，因为一旦危机到来，人们大多会惊恐万分。但没有关系，只要你演练过逃生计划，并持续地练习，即使那时你的思维已停滞，但你的脚仍然知道该往哪儿走。

应对火灾和自然灾害十分具有挑战性，因为它们很少会在事前给出提示。同时它们的发生概率又相对较低，所以人们在多数情况下会忽视它们的存在。我们在日常生活中总是让大脑处于自动驾驶的状态，并不会留意什么。

平心而论，火灾和自然灾害可以说是世间所有危险中可怕却温和的一种。因为应对它们的时候，事前做一次准备，就能让你更加安全。你能想象当你过马路的时候，只向两边看一眼，就再也不用留意周围车况的情景吗？地震、飓风、火灾、龙卷风、洪水和僵尸都是令人恐惧的事物，但我们仅仅花费一个下午的时间，就能更好地应对它们。对此置之不理，代价可能会极其惨重。

第十三章

医疗风险

看医生的目的是让身体更健康。然而因为某些原因，一些人在看完医生后，情况却比之前更糟了。原因之一或许是我们作为病人的一些行为偏差。费城药学院所做的一项研究指出，每年有多达12.5万人死于不依从药物治疗[1]，意思是病人并没有按照医生开出的处方服药。这些人要么是有意违背医生的建议，要么是错误理解了医生的意思，因此导致悲剧发生。

但我们也需要考虑医疗系统本身的问题。过去，人们通常在小诊所里看病，一位医生会负责病人的所有身体问题，医生会在茶水间休息时交流、讨论病例。如今，医疗系统异常庞大复杂，身处其中的医务人员分工无比细致。初级保健医生、专科医生、护士、执业护士、医生助理、注册护士助理、实验室技术员、护理员和病人护理助理组成了一个庞大的网络，彼此之间用储存在电脑中的数字化记录来交流，然而他们当中并没有人能理解全部的内容。这个系统庞大复杂，还有许多动态的组成部分。这种情况下，错误最容易出现。约翰·霍普金斯大学的最新一项研究预计，仅在美国，每年就有 251 454 人死于医疗事故。[2]

开处方的医生会说，病人是被动的服药者，对医生言听计从的时代已经结束了。澳大利亚阿德莱德大学的内科医生兼医学研究员罗伯特·亚当斯（Robert Adams）对此描述道："受过良好教育的病患在进入医院后，和医生的互动更多。"[3] 亚当斯认为作为病人我们应掌握更多知识，并将自己掌握的情况和医生进行充分交流。

我们在前文中已经讲道，人脑在某些时候更容易犯错。在本章中，我们将通过阅读现有的研究成果和听取专家的意见，来看看如何更好地控制自己爱犯错的大脑，成为一个更加清醒、理智和表达清晰的病人。在本章中，我们将讨论如何让看病变得更安全。毕竟，虽然医生的天职是救死扶伤，但他们和病人一样都是人，都会有犯错的风险，现有的医疗体系也会在这个过程中推波助澜。

病人不遵医嘱

你有认真遵守医嘱吗？是否有过开了药却没吃，或者减量服用的情况？你的回答也许是肯定的，别不好意思，这样做的并非只有你一个人。在最近的一项研究中，医学研究人员对超过 7.5 万名病人的电子处方进行了追踪，发现大约有 28% 第一次开出的处方药没有被病人按照对应剂量服用。[4] 这些药物治疗的并不仅仅是无关痛痒的小毛病，还包括严重的慢性疾病，如高血压、高胆固醇、糖尿病和哮喘。没错，就是那些会要你命的疾病。

药物价格的上升当然是导致这种情况的因素之一，但一项研究发现，在给最近心脏病发作的病人开出药物后，哪怕药是免费的，病人能听从医嘱且正确服药的比例也只增加了 4%~6%。[5] 在这种情形下，不遵医嘱，擅自减药量的行为会直接导致病人在未来一年的生存概率明显降低，可谓性命攸关。[6] 他们到底是怎么想的？

你会因为没时间去买药而不遵医嘱吗？不少人会如此。这就是为什么一些医院会将药房直接安排在一层大厅，这样当病人离开时，他就会经过并看到旁边显示屏上自己的名字，从而去拿药。但来自凯泽健康计划医疗集团的一项最新研究发现，即便是这样，也会有 7% 的高血压患者和 11% 的糖尿病病人径直走过药房门口，不去取医生开出的药。[7]

若你曾经有过开了药没吃，或者自作主张给药物减量的经历，那么我很想问一句：你真的知道自己在做什么吗？美国旧金山的医生蕾切尔 · 马利娜指出，人们对日常疾病有限的理解程度，会影响一个人遵守医嘱的行为。马利娜以治疗哮喘为例加以说明。她通常会为哮喘病人开一种吸入器，可以让呼吸道的肌肉群更放松，这样病人的呼吸会更通畅。但哮喘病人的呼吸道有时会发炎，这时候就需要再开一种名叫皮质类固醇的激素类药物，用来对抗炎症。马利娜指出，第二种药就经常被病人搁置不服用。“因为病人并不理解消炎的机制和重要性。”她说道。当她对病人说出这个药名时，情况就更糟了。“他们一听到是激素，就拒绝服用，”马利娜说，“因为大家总是听到奥林匹克比赛中禁止运动员使用激素类药物的新闻，因此得出结论，我也不能吃这东西。”

有时病人不遵医嘱的原因仅仅是他们并不理解自己需要服用药物。一项研究发现，只有 56% 上过大学的高血压患者知道血压到达 140 时已经很危险了，只有 43% 高中以下学历的高血压患者准确知道自己的血压数值。已大学毕业的病人呢？其中只有 56% 的人知道 140 这个数值说明血压很高。[8] 请注意，这个问卷不是随机发给大街上的某个人的，而是专门针对患有高血压的人群调查对高血压相关知识的了解程度的。

谨遵医嘱并不仅指按时按量服用药物，想一想，是不是曾经你看过的每个医生都在苦口婆心地劝你要戒烟、健康饮食和多多锻炼身体？你真的做到了吗？《美国医学协会杂志》曾在几年前发表过一篇文章，题为《2000 年导致美国人死亡的真正原因》。[9] 我很喜欢这篇文章，因为它非常像本书的浓缩版，又涵盖了所有导致死亡的医学原因。这项研究最重要的发现，就是 35% 的美国人的死亡原因可以归结为吸烟，饮食不健康，没有进行充分的运动。统计数据告诉我们，吸烟者在减少，但我们在改善饮食和加强锻炼上没有任何进展。我们究竟有多了解医生给出的建议背后的原理，以及不遵医嘱要付出的代价？其实很简单，每个人都站在一条直线上，两端分别是生与死，医生正竭尽全力把我们往生的方向推，违背这些建议，我们就会离死更近一些。

还有一种病人独断专行的行为，我们在前面没有提到。这种行为通常是指当自己受伤或者生病需要去医院时，却选择拖延或者不去看医生。[10] 美国马里兰州国家癌症研究所调查了患者逃避就医的原因，发现很多人以为他们的症状（是的，哪怕是癌症的症状）会随着时间的推移而好转。等到他们意识到这并不可能时，却为时已晚，病入膏肓了。

健康素养的重要性

我们在此处重温知识的重要性。一个人的身体健康程度和研究人员所称的健康素养[11]息息相关。只需简单浏览与此相关的研究，你就会发现，你的知识越多，获得最新和健康相关内容的能力也就越强，和现有就医体系的互动也会越顺畅，你的身体就会越好。调查发现，拥有较高健康素养的人，整体健康状况更好。[12] 拥有高健康素养的人会更多地享受预防医学类服务，而更少求助紧急医疗救治。对健康素养高的人来说，“从不会发生”的事或许就是健康素养低的人“要打急救电话解决”的事。[13]

如果你想提高自己的健康素养，有如下的途径可以选择。

医生

谁能比你的医生更了解你的健康状况呢？尽管人们经常抱怨，

因为更紧凑的日程安排和现代化的医疗管理体系，如今的医生花在每个病人身上的时间变少了，但一项针对家庭医生和医学专家的调查发现，和人们的感觉相反，和以前相比，现在医生面对每个病人的问诊时间是略微增长的。[14] 所以问题在于，我们真的有效利用和医生见面的时间，让自己获取足够的有关自己病情和处方的医学知识了吗？

一项关于医生和病人间对话的研究发现，医生在每一次的诊断中平均要问病人 9.3 个问题。[15] 这是一个让人满意的数字。与此同时，病人会问医生多少个问题呢？这项研究发现，几乎有一半的病人完全不会向医生发问。在另一半会向医生发问的病人中，他们的问题平均也只有 2.4 个。我们来仔细分析下这种情况：在看病的过程中，医生所知道的，对病情有帮助的医学知识要比病人多得多。作为病人，理应问更多问题，以获取更多有关的信息。但现实中，医生的提问次数是病人的 4 倍。

我们真的最大化利用和医生见面的宝贵机会了吗？从结果来看，答案是否定的。

互联网

我们再来谈谈，在现实生活中，大家从哪里获得和医学相关的信息。调查发现，76% 的美国人通过互联网搜索和健康相关的信息。[16] 而其中 10% 的人表示，他们不会使用互联网，而是请他人帮忙搜索。

毫无疑问，医疗体系的工作者会对网上提供的医学信息感到担忧。许多研究已开始关注网上医学信息的可信度问题，一些医学专家也已开始对互联网带给某些具体疾病的影响做出评估，比如我看过的医学杂志上的文章——《肠炎病人使用互联网寻求医疗建议，效果如何》。[17] 这些研究得出的一致性结论是什么？每个人似乎都相信在线医疗信息在规模和使用率上会持续增长。“无论是在今天还是未来，这都是我们管理个人健康最重要的工具，”澳大利亚悉尼大学健康学院的唐·纳特比姆（Don Nutbeam）教授说，“遗憾的是，互联网并没有办法将虚假和误导性信息与真实可靠的医学信息及建议分开。”那我们如何辨别好坏呢？纳特比姆表示这依然是病人自己的责任：“最重要的健康素养之一，就是懂得分辨信息来源。对待互联网，应该像一个理性的消费者对待超市中陈列的商品一样谨慎。”对此，专家通常给出的建议就是找到几个已知并可信的信息来源。例如美国疾病预防与控制中心、美国癌症协会、美国心脏协会以及美国肾脏基金会等一些大的机构。

纳特比姆肯定了互联网会帮助我们找到一些有用的知识，与此同时又特别指出我们应该如何使用这些内容：“和自己的临床医生进行富有成效的互动。”[18] 那么，我们在网络上查到的信息是否也能在与医生的交谈中发挥作用呢？已有研究人员开始针对人们在互联网上查找的内容和就诊时询问的内容进行调查。一项最新的研究表明，68% 的病人会在得到医生诊断后，再从其他信息渠道验证医生给出的建议。[19] 那些会事先在网上查找相关信息的病人说，他们这样做之后，和医生的交流更顺畅。在慢性病患者中，有 50% 的人表示如果他们提前在网上搜索相关信息，并就此和医生讨论，医生通常会认可他们在网上查到的信息。

一项调查研究发现，大约 60% 的患者认为，和他们从医生那里得到的建议相比，在网上获得的信息“一样”或“更好”。[20] 但此处暗藏的可怕之处在于，有些病人会因此而不再去医院，仅通过在线搜索来为自己诊断和治疗。这是最让人担心的情况。

假设你最近感觉呼吸困难，所以你打开网页，在搜索栏敲入“呼吸困难”。弹出的链接中给你提供了以下可能导致呼吸困难的原因，例如：

鼻窦炎

感冒或流感

过敏

慢性阻塞性肺疾病

肺结核

肺癌

你的下一步操作就是从中选择一个自己对应的症状，此时问题就出现了。

或许你看到的信息比任何一个医生知道的都要多，但医生的工作内容并不是存储信息。他的工作内容是听你描述病情，观察你的情况，然后做出诊断。医生做出诊断并不仅是凭借一系列症状，而是要靠基于此的知识和经验，这两项是你在搜索信息时找不到的。鉴别诊断是要将你的症状和可能的疾病症状一一对比，找出其中你出现的和未出现的情况，对每一种可能性进行逐一排查和分析。最后，医生才会得出结论，告诉你他判断你得了病，并结合你的情况告诉你，为什么是这种病而不是其他病。这样的过程需要一个经过专业学习和长期的经验积累的人完成。所以，即使现在的机器人已经能够战胜人类最厉害的国际象棋大师，但让程序取代人做鉴别诊断仍不合适。离开了鉴别诊断，互联网能提供的内容就仅仅是疾病清单。

搜索信息给自己看病可能会导致很严重的后果。微软研究中心有一个专门团队研究“上网自诊狂”[21]，这指的是那些在网上搜索一些发生在自己身上的常见的微小症状，如头疼之类，然后认为自己得了最严重的、基本不太可能得的疾病的人。当看到症状和可能疾病的对应列表时，上网自诊狂的判断逻辑和医学上的鉴别诊断完全不同。他会最先关注到最严重的那种病，然后认定自己就是得了这种病。研究者认为，这种把小病症放大联想成几乎不可能的绝症的行为也会为病人带来麻烦，因为他们或许会因此改变自己的生活方式。

简而言之，利用互联网查找更多资料，和医生多交流是好的，但仅凭网上查找的信息就自行诊断和治疗是万万不可取的。

文化

为什么人们会对新款手机里的处理器名称和规格了如指掌，却对自己身体的运行一无所知呢？如果我在汽车配件店的柜台边讨论机油时口误，立刻会引来周围人强烈的批判，这足以令我尴尬万分。拜托，请问这是什么重要的事情吗？它不就是要倒在我那辆跑了12年的破车里的一种液体吗？为何会引得人们如此重视？答案在于，这就是文化的力量。如果你排队买机油，最好要知道机油的一些知识。

为什么社会风气认为我们不知道肝或者胰腺的功能是理所应当的？它们可不是用坏就可以买新的或者借一个的物品（至少现在还做不到）。既然我们能如此关心机油，难道不应该更关心我们会吃哪些药吗？从这个角度来看，现在是有史以来文化风气最糟糕的时代，因为机油的知识在人们眼里显得比医学知识更重要。市面上有上万种处方药和医学制剂，以及30万种非处方药品（OTC），它们都可能出现在货架上。[22] 在这种情形下，我们做出正确选择变得越发困难，稍不注意就会犯错（我当飞行员时就有过这方面的经验教训）。让我们以真菌感染为例。如果你患真菌感染，那么你可能会选一种药物，伊曲康唑、酮康唑、氟康唑、伏立康唑或泊沙康唑。你知道它们是唑类抗真菌药物。但如果你同时患胃酸，就要注意不要在服用以上药物时同时服用治疗胃酸的药物，如奥美拉唑或兰索拉唑或泮托拉唑。奥美拉唑曾被生产厂家命名为洛赛克，人们常常会把它和呋塞米搞混，后者是一种常见的治疗腿部或者脚踝处积液的药物。最主要的问题就是人们很容易将唑类药物和拉唑类药物搞混。若你的药箱里装的都是这类药物，谁能保护你的安全呢？想到这里，再对比下，谁会在意你在加 10W40 号油里混了 10W30 号油呢？或许你完全不知道它们到底是干什么用的。你会侥幸活下来，你的车子也会。

如果医学专家真的从现在开始呼吁人们成为更有见识、参与感更多的病人，那么是时候让学校教授更多和健康相关的知识了。“学校教育是目前唯一且最重要的方式，我们必须要让年轻人从小就了解他们的身体，并知道生活方式和环境对一个人健康的影响，”纳特比姆说道。“生理学和解剖学应该是所有高中课程当中的必修课，”马利娜指出，“在初中就开始学习甚至更有意义。”[23] 最近一项针对美国健康教育的调查发现，33% 的幼儿园课程内容涵盖了健康话题，44% 的小学五年级课程内容包含健康话题（此时为峰值）。等到孩子上了九年级，和健康相关的教育内容就只有 10%，十二年级后就完全没有了。更糟糕的是，调查发现，讲授这类课程的老师当中，只有不到 10% 的人所学专业和健康或医学相关。要想解决这个问题，需要花多少钱呢？据估算，每年因病人不遵守医嘱而导致的花费高达 2 890 亿美元，2015 年美国教育部的预算还不到 700 亿美元。[24]

对孩子来说，身体是如何运转的是一个很有趣的话题。我 5 岁的女儿知道人有两个肾，它们会产生尿（这对她来说太不可思议了），如果她希望一直健康快乐地尿尿，就要爱护身体里的肾，这就需要多喝水，少吃太咸的食物。多吃水果和蔬菜也可以保护肾。她还知道，吸烟不但对肺有害，也会损伤肾脏。

纳特比姆告诫人们，我们不但可以为孩子带来积极影响，也会给孩子带来消极影响。“教师面临的最大挑战之一就是在教室里教导学生树立起的观念，很容易就被孩子在日常生活中见到的行为毁于一旦，”他解释说，“举例来说，学校食堂提供的大量不健康食品，以及校园内随处可见的含糖量极高的饮料，很容易让学生对健康饮食的观念产生怀疑。如果学生的父母吸烟，并且学生经常看到烟草广告，那么让学生了解吸烟危害所付出的努力就会付诸东流。”健康专家提到的这些情况对孩子来说，其实是个模仿游戏，他们会观察大人的行为，然后有样学样。

除了服药前能够阅读说明书，使用网络搜寻相关知识，向医生咨询有水准的问题，以及对身体运转有基本了解外，还有一件重要的事情也需要每个人知道，那就是当今社会中相当复杂的医疗体系。这也是不能再闭眼吃药的另一个原因。

医疗卫生体系

如果你已阅读了本书中的第三章有关犯错的内容，你就会知道，即使是医生穿着象征专业的白大褂，你正穿着病号服，露出屁股准备挨一针，也无法改变一个事实，那就是人人都会犯错。这并不仅仅指医生，而是指当前庞大且纷繁复杂的由计算机网络联结的整个医疗卫生系统中的每个人。虽然他们都受过专业训练，并旨在为患者提供帮助，但仍然无法避免偶尔犯错。我们在前文中已讲过，可以通过做哪些事情来降低犯错的频率，在犯错时及时发现，以及不让错误带来最坏影响。

因医疗事故而丧命的人究竟有多少呢？这是一个极具争议的话题。最近一项由约翰·霍普金斯大学研究估算出的数字真是令人大吃一惊（在美国每年有 251 454 起）。医生兼作家罗伯特·瓦赫特（Robert Wachter）喜欢以飞机为单位来衡量这个数字。如果将这些因医疗事故而丧命的人用大型飞机载客量来衡量，那么这个数字的含义就是每隔 2 天就有 3 起飞机失事发生。你能想象出这种场景将带来怎样的恐慌吗？按照瓦赫特的话说："没人敢再坐飞机了！"

然而，情况正在转好。1999 年，美国医学研究所公开了一份具有里程碑意义的报告——《犯错的代价是生命》，并发起保护病人健康的运动。医学研究者和人力资源专家都在关注和研究医疗事故。医生同样是保护病人健康的倡导者，医生写的关于健康的书籍成为畅销书，引起人们更加广泛的关注。对于问题到底出在哪儿，以及如何避免为此付出代价，让我们来看看专家是怎么说的。

用错药

《用错药》（*Medication Errors*）一书以多达 680 页的篇幅详细说明了各种错误用药[25]的情况，包括给病人拿错药，药拿对了但是剂量不对，开的药和病人正在服用的药药性相抵，但没人知道这种情况。

到底是哪个环节出了问题？研究表明出错的情形中大约有 1.7% 的比例为药房人员在拿到药方后误读，研究人员称其为配药错误。[26]你是否有过手握药瓶，心里忖度着药房有多大可能拿错了药？这就是你在想的可能性的准确发展概率。在另一项研究当中，研究人员发现住院病人平均每天都会遇到一次配药错误，超过 5% 的患者会出现药物不良反应。[27]

对此我们该如何防范呢？在 2002 年，美国联合委员会发起了一项宣传活动，鼓励我们更多地参与其中。宣传手册以《参与进来，一起避免你的药出错》为标题，明确指出我们也要在安全用药方面担起自己的责任。它建议我们一定要阅读处方，查看药品标签和说明书，如果有任何问题都要第一时间说出来。联合委员会告诉我们应该问哪些问题：这药对我有什么帮助？这种药还有其他什么名字吗？如果我有任何过敏史或者正在服用其他药物，可以服用这种药吗？服药期间能喝酒吗？内科医生理查德·克莱因（Richard Klein）告诉我们，自己才是预防配药错误的第一道防线。“你需要问清药物是治疗什么疾病的，为什么要服用它。”发现配药错误是相对容易的一件事情，如今在美国，联邦法规要求大多数的固体处方药上都要印用于识别的代码。如果你看到药品说明上有 IG 209，只需在网络中搜索这个代码，就可以查到这是治疗指甲真菌感染的药品。（顺便说一下，指甲真菌感染的医学术语是甲癣。多查查，多学学，晚餐的时候聊一聊这类话题，将大有裨益。）

误诊

虽然用错药是最常见的，但诊断错误往往是引发医疗事故最主要的原因。[28] 一项研究估算，所有医疗死亡事故中，20% 是由误诊导致的。虽然我们无法钻到医生的脑袋里了解他究竟是如何想的，但专家告诉我们，病人仍然可以更积极地参与诊疗过程，来降低误诊发生在自己身上的概率。医生经常提到的一个问题就是患者告诉他们的信息往往不完整。医生经常抱怨的就是患者就像一位“不太灵光的历史学家”——经常遗漏一些重要事实，滔滔不绝地说些无关紧要的细节。

在《当医生不听时》(*When Doctors Don't Listen*)一书中，医生兼作家的丽娜·温（Leana Wen）和乔舒亚·科索尔斯基（Joshua Kosowsky）告诉我们如何和医生讲清自己的情况。他们建议病人试着站在医生的角度，考虑如果自己需要判断对方的身体到底出了什么问题，会想听哪些内容。温和科索尔斯基指出，研究表明，在听到病人以故事的方式详述病史后，医生更能做出准确的诊断。他们提到一句医学院的学生常听到的话：“如果你仔细听，病人就会告诉你他到底出了什么问题。”这句话旨在鼓励医生成为好的倾听者。但温和科索尔斯基告诉我们，病人也应努力成为好的讲述者。在书中，他们着重指导人们远离那些简单的一问一答式问题，这种对话方式在医生和病人中已司空见惯。作者写道：“如果你面对的是是或否的问题，不必拘泥于此，你可以进一步阐述。”他们还补充说：“当你和医生讲述自己的病情时，最好将症状与你的生活结合起来描述。”

交接

工作内容在不同领域、不同城市甚至不同班次被转移的过程称为交接。所有交接都有可能出现失误。有时一个人会在这个过程中出现失误，但通常来说，这只是在某种情况下发生的，而不是说这个人一直都做错了。随着工作规模扩大和日益复杂，交接时出现的错误也越来越多。

罗伯特·瓦赫特（Robert Wachter）在《内出血》（*Internal Bleeding*）一书［和卡韦赫·舍真尼亚（Kaveh Shojania）合著］中描绘了医生和其他工作人员轮班交接时可能出现的混乱局面。他以一名患者为例。这名患者在急救室拍摄了胸部 X 光片。放射科医生在查看检查结果时发现他的肺部有一个结节，于是将这一情况写入报告发送给负责这名患者的内科医生。然而不知是何原因，这份报告在交接的过程中遗失了。两年后，这名患者的癌细胞已扩散至肺部，18 个月后离世。瓦赫特还讲述了另一个病人的故事。当时这位患者的病情迅速恶化，医生在奋力抢救他。就在这时，一位内科医生走了进来，手里拿着一张表格，并告诉在场的其他人，这名患者在之前签署了“不愿接受复苏抢救”（DNR）的协议。在场的工作人员立刻停止了抢救，以免违背患者自己的意愿。然而在旁边的一名年轻护士觉察到有些不对劲，随即发现那名内科医生拿错了表格——签署不愿被复苏抢救协议的不是这个病人！工作人员再次立即投入抢救，然而一切为时已晚。

无论你遇到被不同科室医生治疗，接受不同医疗设备检查还是医护人员轮班，交接时负责病人安全的医生都会给你一些建议，以免你被交接时的失误影响。他们的建议是，当你离开前一个医生或一个地方前，主动询问接下来要做什么。要知道你要去哪里，接下来要做什么。你到下一个地点后，请主动介绍自己，并复述你听到的接下来要做的事。告诉他们你来这里的原因，并确认他们知道你正在进行的治疗。随身携带一张清单，上面注明你服用的所有药，包括非处方药，在和任何人谈话前都拿给对方看。医生、作家兼飞行员理查德·克莱因曾描述他遇到的一位患者，那位患者每次看病时都会带上一张打印的清单，里面详细记录了他服用的药物和剂量，以及最近就诊情况，包括医生、症状和诊断。克莱因表示："面对目前复杂且繁忙的医疗系统，这样做简直完美极了。"

研究人员目前正致力于开发出有效的方案，以解决交接过程中可能出现的错误，未来可期。[29] 与此同时，我们也应参与其中，让这一过程更加顺畅，努力实现零误诊。

做一个聪明的消费者

外科医生马蒂·马卡里（Marty Makary）认为，作为患者，应该具备比较和选择医疗服务机构的能力，就像我们在买东西前会货比三家一样。在《不负责任》（*Unaccountable*）一书中，马卡里指出，要让充分知情的患者能够根据广为认可的医疗水平衡量标准在不同医疗机构中做出选择，是件很难做到的事。马卡里以他的亲身经历为例。他曾在医院工作，有次和患者聊天时，他问这名患者为何特别挑选了他所在的医院，患者回答："我看到你们有架直升机，所以觉得这家医院一定不错。"让我们来分析一下这当中有什么问题。

马卡里指出，找出评判一家医疗机构到底如何的相关指标并非易事。他认为现在的医疗机构只是积极地晒出医疗设备，希望人们以此为参考。马卡里列举了纽约市医院做心脏搭桥手术的例子。一些医院做这项手术时，患者死亡率是1%，另一些医院的死亡率是18%。这一指标被公布后，落后的医院不得不想方设法降低这一数字，也为此投入大量的财力。“为什么大众看不到类似这样的指标呢？”马卡里义愤填膺地说道，“因为有强大的力量在阻止你看到相关的信息。”

当我想到马卡里那个用是否有直升机来衡量医院好坏的例子时，也问了问自己：我是用什么标准来评估自己的家庭医生的呢？肯塔基大学的医生保罗·达索（Paul Dassow）就此问题专门调查了93名初级保健医生，并汇总了他们的回答，整理出一个有趣的列表。我惊讶地发现，这些医生选择衡量自己水平的标准时，都无私地指向了病人的健康和幸福程度。[30]在这份清单中，排名第二重要的标准是医生能够在多大程度上缓解病人对酒精和药品的依赖；排名第四重要的标准是类似的内容——多大程度上缓解病人对烟草的依赖；而排名第十一的标准是确保病人养成健康的饮食习惯。让我们停下来，稍加思考。这些医生建议人们用病人的饮食、喝酒和吸烟情况作为衡量医生水平的标准。他们并不可能做到随时跟在病人身边，抢走病人叼在嘴边正打算点燃的烟，或者拿起病人买的芝士加倍的培根汉堡，再塞给病人一盒沙拉。我认为这些医生对自己有些过于苛刻了。毕竟，就像我们在前面所讨论的，病人并不总会乖乖听他们的话。

标准的缺失，并不是实现马卡里所希望的“病人成为聪明的消费者”这一目标的唯一阻碍。凯泽家族基金会2008年发布的一项研究结果指出：说服病人依据参考标准来选择医院和医生并非易事。[31]研究人员发现，在接受调查的患者中，只有12%的人在网上查过给自己看病的医生的相关评价，只有6%的人表示这些信息影响了他们做选择。

前文所提到的用是否有直升机作为衡量标准又反映出另一个问题，那就是病人可能缺乏足够的知识有效地使用衡量指标。瓦赫特举例说，一些医院声称可以缩短心脏病患者接受紧急球囊血管成形术的等待时间。为了弄清这是否是好的衡量标准，病人首先要知道什么是球囊血管成形术，以及为什么越早接受这个手术越好。由此你可以发现，提供有效的医疗水平衡量指标，也只有在见多识广、有良好医学素养的病人那里才能发挥作用。

像马卡里、瓦赫特和克莱因一样的医生会继续为推动保护病人健康而努力，与此同时，我们自己也可以根据现有的大量研究结果，更好地保护自己，避免受到医疗事故的伤害。我们要做的就是认真学习这些知识，这几位医生撰写的书籍就是一个好的开始。你可以从中学到类似以下的内容。

你知道吗？如果一名护士护理的病人数超过7人，那么她护理的术后病人死亡率会升高31%。所以住院前，你可以先了解一下这家医院护士与病人的比例。[32]

你是否担心给自己看病的医生实际持有的是护士执照？一个汇集了 37 项研究的元分析（一种统计方法，是对众多现有文献的再次统计分析，以验证不同的研究是否得出同样的结果）对比了持医生执照和护士执照[33]的医生对病人的诊疗结果，发现无论对于高血压患者还是糖尿病病人，甚至以问诊的终极评价指标复发率来考量，二者之间都没有明显的差异。

《新英格兰医学杂志》上的一篇文章对比了病人死亡率和这家医院进行此类手术的次数，发现手术次数越多的医院，病人死亡率就越低。[34]这说明即便对外科医生来说，熟能生巧也是真理。所以等你要做手术时，可以先问问医院，他们之前做过多少次类似的手术。

下回你切面包圈把手划破要去医院时，可以先想想，你要在那家医院的急诊室里等多久？这也是衡量各医院优劣的指标。一些医院已经开始在急诊室外公布就医的等待时间，以便让病人了解里面已人满为患。你也可以在第三方机构，类似“等待观察者”的网站上搜索，上面会公布你所在医院的急诊室需等待的时间。很多医院都会按优先级将患者分类，优先处理最紧急和最严重的病人。所以你划伤了手指来到医院，却被安排在旁边等很久，原因也许是医生正在给病危的患者做球囊血管成形术。这对你来说也并不是一件坏事，因为没准将来的某一天，你也出现了突发情况，需要马上进行血管内手术。现在你知道了，到那时你也会得到优先救助。

马卡里似乎对未来十分乐观。同时，他也认为要做到医院公布科学可行的就医参考标准，具有良好医学素养的病人能根据这些标准，理性地挑选适合治疗自身疾病的医院这一目标，还需我们继续努力。针对当前的情况，马卡里用一句话总结说："对多数人来说，就医时唯一需要比较参考的就是停车情况。"

在美国，65 岁以下的人平均每年看医生的次数为 2.6 次。[35] 20 世纪 40 年代末之前，即使你 65 年来每年都看医生，你通常也会死去——这就是那时的平均年龄。我们将在下一章中看到，现在的人类更加长寿。如今的你在 65 岁时，最大的惊喜变成了政府发给你的一张打折公交卡。但我们也要注意到，随着年龄的增长，人们看医生的频率也提高了。65~74 岁的老人平均每年看医生的次数为 5.3 次，一旦你到了 75 岁，这个数字将变成 6.7 次。正因为如此，与现今医疗保健系统有效互动才是人生中至关重要的一件事。

第十四章

老年生活的挑战

1900年美国人的平均寿命是47岁。而今天，美国人的平均寿命是79岁。通过图5我们可以发现，在过去100多年的时间里，人们的寿命[1]并没有出现突然的飞跃或者达到某个峰值，而是一直在平稳地增长。这个过程中，也没有某种横空出世的发明或科学发现，就比如动感单车课或麦草奶昔之类，能让人们的寿命有跳跃式的增长。人们寿命的延长是缓慢而稳定的发展过程。当我们忙着用锤子砸伤自己的拇指和制造各种车祸时，医学界正忙着和各种疾病斗争。自1900年以来，识别危险因素和改善冠心病的治疗方案已将致命的心脏病发作率降低了一半。许多癌症患者的生存率也在持续上升。疫苗正在消灭如百日咳、肺结核和肺炎球菌病等传染病。与此同时，遗传学家正在鉴定那些能够让我们避免患病的基因。在圣迭戈，一家名为Organovo的公司正在研究3D（三维）生物打印技术，也许有一天我们的某个器官受损或衰竭时，他们能帮我们“复制”出一两个新的。若再仔细探究下纳米技术和全面细致的健康方案，你会更大开眼界。一些专家预言，在接下来的 35 年里，人类的平均寿命将达到 90 岁。[2] 你之前曾抱怨过自己“变老”了吗？诚实地说，考虑到上述这些变化，你需要习惯变老。

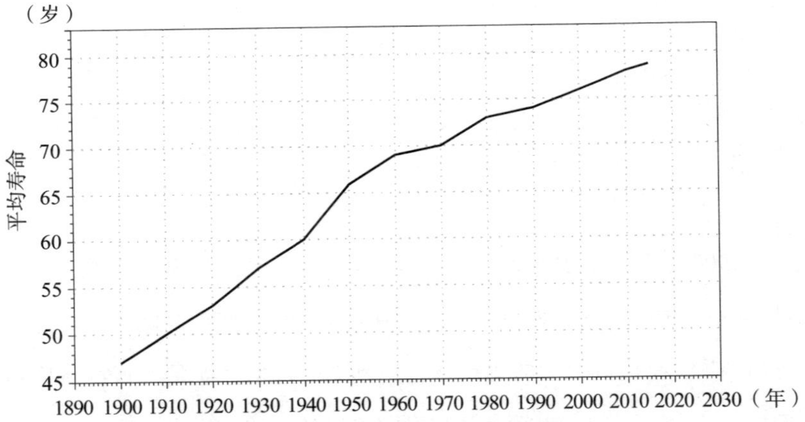

图 5　美国人均寿命的逐年增长情况

在继续阅读下面的内容之前，先问问自己：你认为伴随着年龄的增长，会有哪些安全隐患？比如开车？我们都看到过那些耸人听闻的报道，也听到了关于此事的不少陈词滥调。当我们变老时，就会成为马路上的危险分子——至少故事里都是这样说的。我们 65 岁时收到的打折公交卡更加证明了这样的观念多么广为流传。但让我们看看图 6，它显示的是不同年龄段司机造成的车祸死亡率。这个数据表明，年满 65 岁的司机反而是道路上最让人放心的司机。[3]

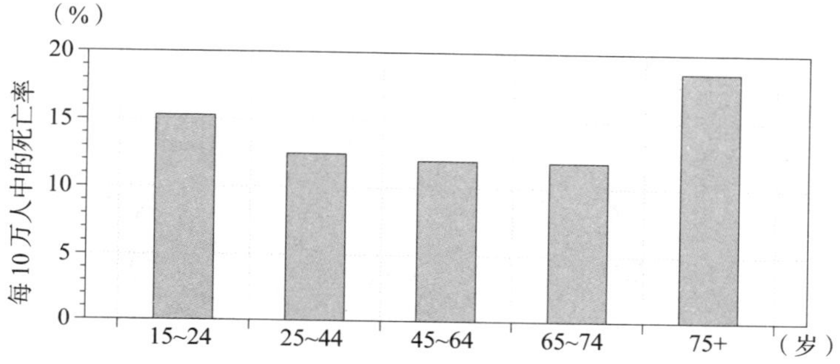

图 6　美国驾车司机死亡率：按年龄分组

衰老和安全是我们很多人都不甚关心甚至抱有许多错误理解的话题。我们并没有意识到风险在哪里。我们把关注点放错了地方，当不可避免的错误发生时，我们不得不为之付出代价。这同样是人性的弱点所致。

所以，当我们上了年纪时，究竟会面临哪些危险？有以下的几点。其中第一点，也是我们要最先介绍的，因为只有克服了它，后面的内容才有意义。

否认衰老

我女儿 3 岁时，我和我的好友兼同事乔纳森·斯库勒一起带她去餐厅吃午饭。像所有好爸爸一样，我小心翼翼地把女儿的热狗切成小块，因为我知道热狗对儿童来说很危险，它会让儿童因噎窒息。当时我们并不知道的是，在 10 年之后，就是我和斯库勒年满 65 岁时，根据统计数据，我们在吃热狗时的窒息风险是儿童的5倍之多。[4]

几个月后我打电话给斯库勒，问他是否知道这回事。他表示并不知道。当我告诉他，同样是吃热狗，75岁以上老人的窒息风险会是我女儿的23倍之多时，他回答："唉，我真的不喜欢这个事实，因为总想否认自己也会变老。"对了，忘记告诉你，斯库勒还是位心理学家。

后来，我读到一本语言优美的书——《变老的艺术》（*The Art of Aging*），作者舍温·努兰（Sherwin Nuland）是名外科医生。这本书的一章以优美的论调描述了变老这个话题。他写道："岁月无声却不停息地在身后追赶着我们，并最终和我们融为一体——而我们还坚持认为它从未到来过。"当我思考自己和斯库勒会否认人变老这件事的深层原因时，却感觉这并不是因为岁月无声。诚然，这在过去可能会是个重要因素，但我猜想我们这代人已将不承认衰老这件事推向了一个新的层面。

大约20年前，密西西比州的两名心理学家列出了84个问题，来测试一个人对衰老的焦虑程度。[5]最近，一些研究人员使用它们比较了美国X一代、Y一代和我一代人对衰老的焦虑程度。①他们发现，人们对衰老的恐惧似乎越来越严重了。[6]就和前面所讲的面对火灾和自然灾害时一样，否认会导致知识的缺乏和准备工作的缺失。当我

① X一代（Generation X），指美国出生于1961—1981年的一代人。Y一代（Generation Y），指美国出生于1982—2000年的一代人。我一代（Generation Me），指美国20世纪八九十年代出生的一代人。——译者注

翻开一本关于老年护理的专业书[7]时，我惊讶地发现，对老年人来说，缺乏安全防范知识所导致的受伤风险远远高于来自不安全环境的威胁。这本书中无数次提到，虽然危险令人恐惧，但缺乏相关的知识和防范意识，允许这些危险发生才更需引起人们的注意和警惕。

当我冷静下来，客观地看待和衰老相关的数据时，我发现自己不甘心的原因可能在于，当我 70 岁时，可以放心大胆地开一辆 1964 年的福特野马，却不能毫无顾忌地享受一个热狗。但若有一天，我真的要做出选择，我想自己应该也不会选错。毕竟，能够了解随生命衰老而带来的种种改变，以及随之而来的各种危险，是百利而无一害的。所以，随着年龄增长，我们究竟会面临哪些挑战呢？

认知能力下降

现在的我 50 多岁，似乎就已经出现了经常忘事的情况。我常忘记要做的事，记不清自己是做过还是没做过，哪怕只是 20 分钟之前的事。这种情况被心理学家称为情节记忆（episodic memory）[8]的衰退，是人身体衰老的表现之一。这和安全有什么关系呢？一项针对老年人摔倒的研究发现，60 岁以上的老人中，1/4 的人不记得自己在之前的 3 个月、6 个月或 12 个月内是否摔倒过。与此同时，虽然我们的记忆力下降了，但需要记住的东西增多了。[9]比如，上了年纪有时需要同时吃好几种药——可称此为多重用药。一项研究发现，所有服用降胆固醇药物（他汀类药物）的患者中，10% 的人服用了 23

种以上的药品，这些药平均由 4 名不同的医生开出，而且必须从两家甚至更多的药店买齐。[10] 想象一下吧，你需要记住和不同医生的预约时间，按时就诊，要记得自己陈述症状，记得医生的诊断和建议。然后要按照他们的指示，每天吃下一堆药片，不能弄错、少吃或者弄丢。哪怕对记忆力极好的 22 岁年轻人来说，记住这一切也是很困难的事！

心理学家已指出，对我们来说，集中注意力并不容易。上了年纪之后，对外界刺激的反应就会更慢，我们需要花更多时间在周边环境中寻找和发现目标。[11] 同时，我们也不再像年轻时一样，能够在纷繁复杂、变幻莫测的环境中自由地转换注意力。这些将让你在开车、过马路，甚至宠物在家里撒欢时不得不面对挑战。[12]

随着年龄的增长，我们思考风险的方式也变得越发有趣。研究发现，老年人对危险驾驶等类似行为的态度，与年轻人相比更加小心谨慎。[13] 由此可见，年长的司机会通过避免危险的驾驶行为，来降低他们因注意力下降而带来的有害影响。但是，当谈到诸如是否会摔倒这样的事情时，老年人又有了不知从何而来的过分自信。一项调查研究发现，虽然年长的受访者承认上了岁数会有摔倒的风险，但他们还是觉得这种事不会发生在自己身上。[14] 当我们看到某个疯狂的小孩在做些不知深浅的危险之事时，可能会边摇头边替他担心，殊不知从统计学上看，我们自己也在做着冒险的事。

在本书当中，我们都在尝试更好地理解自己的心智。未来的我们不得不面对一个现实，那就是心智也会随时间的推移而有所改变。

最近我向一位长我10岁的朋友抱怨，觉得自己年纪大了之后已大不如前，结果他打断我说："50岁不好吗？等你到了60岁就会怀念自己现在的状态了！"[15] 听到这里，我突然很好奇，人在多大年纪时大脑才是巅峰状态。

弗吉尼亚大学的蒂莫西·索尔特豪斯（Timothy Salthouse）大部分的职业生涯都在研究衰老对人的认知能力的影响。[16] 他取得的最引人注目的发现之一，就是发现了人的认知能力是在何时开始衰退的。索尔特豪斯进行了一项长达7年的研究，对18~60岁的人展开调查，看哪个年龄段的人会出现认知能力下降的迹象。研究结果令人出乎意料：索尔特豪斯发现，空间想象力和思考的速度在接近30岁时就开始下降了。在他的试验中，记忆力在接近40岁时开始下降，比前两种能力晚10年。他的研究指出，我们的所有认知能力都在25岁左右达到巅峰。

索尔特豪斯告诉我们不必为此过分担心，这个结果并不像看上去那么糟糕。他谨慎地指出，人们在现实社会对衰老的反应比他在实验室中测试的衰老速度要迟缓得多。索尔特豪斯相信，在真实的世界里，变老对我们来说并没有那么糟糕，这其中原因有很多。他给出的第一个理由就是正如托马斯·爱迪生所言，天才就是1%的灵感加上99%的汗水。即便我比10年前的自己反应慢了一点，也没人能阻止我比以往再多付出一点努力，我同样能实现自己的目标。

索尔特豪斯给出的下一个理由，也是最鼓舞人心的一点，就是如今的我们可以"作弊"，即通过使用一些"小伎俩"，弥补衰老带来的短板。比如，我们可以通过设置提醒来避免自己忘事，也可以主动避免做那些自己不擅长的事。当有人让我做些简单且耗时短的事情时（比如预约看病），我基本会立刻着手，因为我知道过一会儿自己就忘了。使用这个策略基本让我战无不胜。

我们都听说过“用进废退”，对吧？这句话其实在告诉我们，如果我们经常使用大脑，就能保持思维敏捷。我见过不少手机上的应用程序，内容和索尔特豪斯在实验室里所做的认知测试类似。我还需要进一步研究这些程序对帮助人们保持认知能力是否有效。说来奇怪，还有一位研究认知能力下降的学者，他的研究方向是人和人在衰老方面的巨大差异。他就是我们在前文中提到的总想否认自己会变老的乔纳森·斯库勒的父亲卡尔米·斯库勒（Carmi Schooler）。他的大部分研究都基于“用进废退”这个假设。

“你的行为会对你的身体机能有所影响，”他向我解释道，“我相信如果你曾经有过处理非常复杂的事情的经历，那么这也将对你的智力机能产生积极影响。”这让我意识到，我梦想的躺在沙滩上一口啤酒一口酸橙汁的退休生活，或许对我来说并不是好事。但他强调说：“这样做不能保证绝对有效，但至少持续用脑对你来说不是件坏事。”

我在想，是不是可以在年轻时让大脑歇着不用，等到衰老开始到来的特定年龄，再翻出那些手机程序，就像在健身房跑步健身一样，利用它们好好“健脑”。卡尔米·斯库勒并不赞成这个想法。他解释道：“如果你一直坚持锻炼你的认知能力，就有了更高的起点。这样一来，你就有了更多可以分配的认知资源。”

身体机能下降

研究老年人的医学专家告诉我们，除了认知能力的衰退，老年人的身体机能也会随着年龄的增长不可避免地出现下降，移动灵活性、力量、耐力和平衡能力会减退，而这又会带来新的问题。身体机能的下降导致了一个日趋严重的问题——摔倒，这也是死亡人数增长最快的意外风险之一。事实证明，45~65 岁的人意外摔倒并死亡的概率是 25~45 岁的人意外摔倒并死亡的概率的 4 倍。一旦过了 65 岁，这个概率会再翻两番。[17]令人担心的不仅是这个问题的严重程度，还包括它日趋加快的发展趋势。请看一下图 7 的数字。需要注意的是，它反映出的日益严重的增长趋势，并不是因为老年人口基数的增长。图 7 中的纵坐标为每 10 万老人当中因摔倒而死亡的人数。这意味着它表示的是死亡率，和人口总数的增长无关。

我们都会变老，所以再一次地作为分母出现在图 7 当中是不可避免的事。但我们依然可以采取一些行动，让自己更加安全。“经常锻炼的成年人严重摔倒的可能性比一般人低 30%，”美国国家安全委员会主席德博拉·赫斯曼说道：“这说明健身一定有益于一个人的未来。”法国研究人员汇总了 17 项不同的研究，这些研究的主题都是锻炼身体对 60 岁以上人群发生摔伤概率的影响。法国的研究者对这些数据进行了元分析，得出的结论为：毫无疑问，经常健身，尤其是做包含力量和平衡方面的训练，将对人产生巨大的积极影响。积极锻炼的人不但更少摔倒，而且摔倒之后也更少受伤。有趣的是，其中两项研究专门提到太极。“太极和其他平衡类的训练是最理想的锻炼方式。”赫斯曼说道。[18]

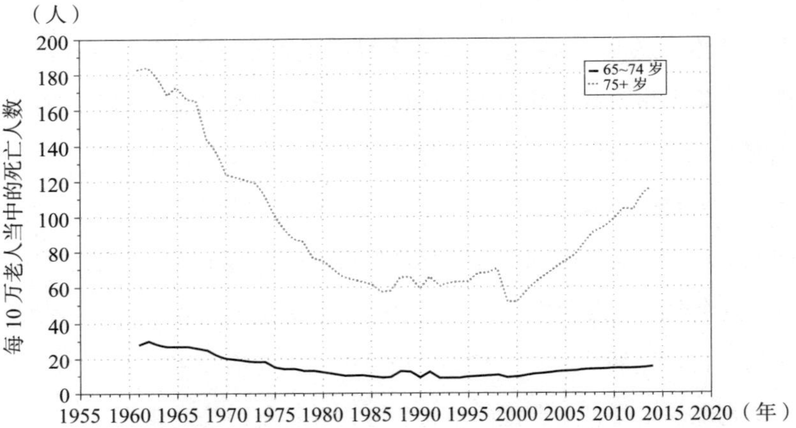

图 7　美国每年因摔倒导致的死亡情况

75 岁以上因摔倒而死亡的人数是 75 岁以下的 7 倍，而在 75～90 岁的老人中，摔倒成为最主要的致死原因。到这个年纪，因为行动不便，用锻炼身体维护自身安全的机会变少了。如果我们患有关节炎，那么情况会变得更糟。赫斯曼说：“45 岁以上的人中，患有关节炎的人因摔倒而受伤的概率是 16%，而没有关节炎的人因摔倒而受伤的概率是 6%。”更糟糕的是，关节炎的发病率在未来的 15 年内还会增加。对 75 岁以上的老人来说，摔倒更可能致命：一旦摔倒，就再也爬不起来了。对摔倒后幸免于难的人来说，会有很高的概率因此而髋关节受损。[19] 这些人当中，有一半会被送进疗养院继续疗养，这其中又有半数会在里面待一年以上。

赫斯曼特别强调，人们需要布置好周围环境，尽可能地降低摔倒的风险。美国国家安全委员会提出了一些预防措施，包括让家中的过道保持清洁，使用夜灯以确保良好的能见度，在浴缸、淋浴头和马桶附近安装扶手，并在可能的情况下给楼梯两侧都安装围栏。美国国家安全委员会一直为此呼吁："人变老不会摔倒，不注意才会摔倒。避免摔倒是可以做到的。"

到达极限

2014 年年初，《今日美国》在头条位置发表了题为《老妇收到交通罚单后丧命》的文章。在密歇根州底特律机场附近，有人发现一名 88 岁妇人的尸体，报道说她死亡时正躺在地上。这和交通罚单有什么关系呢？让我们再向前追溯。老人的女儿告诉警察，她的母亲近些年来一直很有节制地开车，这暗示了老人开车技术一般。这位老人每天都开车去同一家餐馆用餐，而且坚持走同一条路线。事发这一天，碰巧她经常走的那条路附近的废物回收处发生了火灾，警察设置了路障，通知行人和车辆绕行。她每天的既定路线因此被打乱了。但这位老妇人并没有选择走另外一条路，而是坚持要从这里通过，试图穿过路障。交警将她拦了下来，开出罚单，并坚持让这位老人原路返回。之后，她的家人便无法确定她是想把车开回家还是找其他路去餐馆，最终这位老人把车开到了 25 英里之外的机场附近，在那里撞上了栏杆，被甩出车外。在家人报警6个小时后，她的尸体才被发现。

现在，我们要讲的是否认衰老、认知衰退和身体不如从前这些因素共同作用的结果。老年学家会使用“病理性极限”一词来形容这样的情况：人因年老而不再适合做某件事，否则很容易处于危险之中。当我们没有注意到或者不肯承认自己因衰老在一件事上已达到病理性极限时，就容易酿成大祸，比如开车。我曾经和一位专家谈论过司机退休机制的问题。

汤姆·穆泽（Tom Meuser）是一名临床心理学家，他在美国密苏里大学圣路易斯分校负责一个与老年学相关的项目。我向他请教人们在多大年纪时不应该再开车。穆泽回答说：“其实并没有一个硬性和快速的判断标准。对人的身体机能和安全驾驶能力来说，年龄都是一个较弱的预测指标。”他的这一回答同样印证了其他老年学家的看法。我又问我们该如何检视自己，以便了解自己是否已到了需要交出车钥匙的时间。“观察你的身体机能，”他回答道，“如果你爬山时才走了10步就气喘吁吁，或者想站起来时不用手撑住椅子就很难做到，这些就是提醒信号了。”他还指出了另一个关键的征兆：“很多迹象表明，当你发现自己已很难学会新东西时，就是亮起红灯的时候了，比如将自己的报税单交给别人去交税，或者很难学会使用新的遥控器。”

穆泽对我们称为“否认”的心理状态给出了新的解释。“当我们年纪大了，会倾向于强调积极的情感和思想状态。”这或许可以解释为什么我们会忽视一些来自身体和周围的预警信号。“除非是发生了像中风、滑倒或者摔伤这样的紧急情况，否则我们总是认为自己还和年轻时一样，并没有什么需要小心的。”

穆泽和他的同事开发了一个在线评估工具，以帮助人们评估自己的情况是否适合继续开车。该系统会询问一些关于受访人自身的情况、活动情况，以及他们对自己当前状态的感受。这个在线工具的具体网址是 www.mobileage.org。穆泽还给出了另一条建议，内容在我看来和飞行员要知道的情况很像。“在上了岁数的司机中，那些偶尔开车的人比经常开车的人出车祸的概率更高。”当我们发现自己开车时的反应变慢时，就应该停下来，不再开车。熟能生巧，缺乏练习就会容易出现问题。这个道理，人人适用。

所以，如何才能知道自己作为司机该退休了？“听从你的内心，”穆泽总结道，“而且你应该在家庭中营造开诚布公的氛围。”这就引出了我们接下来要讨论的话题。

利用网络应对挑战

在世界上许多地方，照顾家族中上了岁数的老人已是一种根深蒂固的文化观念。几代家庭成员生活在一起是非常普遍的。在这样的环境中，当衰老的影响开始显现时，人们不必担心要完全依靠自己，因为会有其他家人来分担事务。在其他的社会环境中，家庭成员可能因为追求事业或者追随配偶，分散在全国各地甚至全球各地。

在这种情况下，保持家庭成员之间的联络就比较困难。[20]

距离远近产生的问题还带来了另一个更严重的麻烦，就是随着年龄的增长，我们保持联络的人也越来越少了。老年学家汤姆·穆泽表示，这是普遍而自然的现象，“我们会强调亲属间的纽带是最重要的，请放弃那些自认为不重要的关系。”这就导致我们本可能获得的其他周边支持也没有了。反思一下自己的情况，我认为这种情形已经发生了，哪怕是在社交媒体上联系的朋友也是如此。我经常看到有些“朋友”的名字在我的联系人列表中，但不记得怎么认识他们的。

我们不但很难想象自己在变老，而且还很难意识到自己的家人正在变老。我询问乔纳森·斯库勒他父母的情况。“我更不愿意承认他们也老了，”他对此回应我说，“我每年回去看父母三四次，也能做到随时跳上飞机，在几小时内回到他们身边。”他和我的想法不谋而合。斯库勒和我都指望离父母更近的兄弟姐妹能替我们照顾好老人。我注意到，斯库勒和我都已意识到这个问题，却没有采取任何行动。“我会担心母亲在纽约下雪天里穿过泥泞的街道去坐地铁，”他说道，“我一直试图说服她用优步（Uber）。这件事简直如定时炸弹一般。”他解释道，语气中的担心明显多于否认。“很难说服她改变习惯去乘汽车。如果她真的因此而摔倒，我会觉得是因为自己没有尽到责任。我已经和她说过了，但没有使用更加严厉的语气，告诉她你真的真的一定要这样做。”斯库勒说道。

所以，我们如何才能做到更好呢？第一步就是要正视和了解这个问题。对在安全领域工作的人来说，图 7 中的死亡数字简直应放在头版头条提醒大众。在我从事这个行业27年的时间里，从没见过任何其他事会有如此高的死亡率，并且还在迅速攀升。我已习惯看到死亡率下降，而不是上升。如果你在阅读本书，是个年轻人，请想一想到底出了什么问题，并把本书拿给身边年长的人看一看。如果你是长者，请把它拿给年轻人看一看。请和朋友一起谈论这个话题，询问对方对此有哪些认知，以及他们为此做了哪些或者得到了哪些帮助。浏览几个相关的网站，里面有让生活环境更安全的提示信息。美国国家安全委员会的网站（www.nsc.org）[21]是个不错的选择。还有其他网站也提供类似的信息，比如美国疾病预防与控制中心（www.cdc.gov）。

我们还可以通过互联网和他人保持联络。卡尔米·斯库勒告诉我，他的家庭会利用网络进行多种多样的交流，保持联络。“我们会每两周聊一聊生活中的进展，”他解释道，“很多时候是发邮件。说不定比我想要的还频繁。”他最后这句话引起了我的注意。为此我开始寻找更多关于这方面的研究，很快就发现了一篇题为《来自美国哥伦比亚广播公司（CBS）的提问：你应该多久给你妈打一次电话？》的文章。[22]显然，美国的年轻人在这方面做得很好。投票结果表明，一半以上的美国人认为应该每周至少一次。只有12%的人认为每月一次就足够了。但需要注意的是，安全也应成为每次通话时的常规话题。

对我们来说，人类的平均寿命从1900年的45岁增长到1948年的65岁或许并非什么大事。如果穿越回20世纪30年代，有人告诉我说，我在 50 岁时死于肺结核或者腹泻的可能性已经大大降低了，我应该可以再多活 10～15 年。估计我的反应会是对他竖起大拇指，然后便继续忙自己的事。把人类寿命延长到 70 岁、80 岁甚至 90 岁，将意味着把人的身体推向了一个全新的阶段。即便人们寿命的增长是平缓进行的，我们也需要意识到自己已跨入一个新阶段，需要启动新思维。图 7 当中，死亡率在一个时刻发生了跳跃式增长，这表明我们可能出现了一个共同的盲点，原因或许就是人们都在否认的衰老。在未来，我们会活得更久，情况又会怎样呢？图 7 的数据表明，只有引起所有人全新的、特别的关注，人们才能更好地保护好自己和身边的人。

第十五章

我们真的能更安全吗？

1954年12月15日周三，美国总统德怀特·戴维·艾森豪威尔（Dwight David Eisenhower）宣布这一天为安全驾驶日。[1]总统对此的设想是，只需稍加鼓励，市民便可在这一天中足够小心，从而不会发生任何交通意外。“我们如何才能实现这个目标呢？”总统诚恳地发问。他给出的建议包括“遵守交通规则”“安全驾驶，礼让行人”，以及“保持警觉和小心，时刻注意可能发生的危险”。在1953年的12月15日（周二），当天有60人死于交通事故。1954年这一天，经过全国总动员之后取得的成果呢？这个数字变成了51。

虽然结果令人有些失望，但总统坚持下一年依旧将12月15日定为安全驾驶日，并号召全体民众安全驾车。1955年12月15日是周四，最终的结果是，当天有69人因交通事故丧命。如果我们将这两次安全驾驶日的死亡人数加在一起除以2，就能得到平均结果：

60。这和设立安全驾驶日的前一年，即 1953 年 12 月 15 日当天因交通事故意外死亡的人数相同。

这从来都不是一件容易的事。很多人尝试用各种方式来提醒我们更加小心，而且这些办法绝大多数至今还在沿用。接下来让我们花一些篇幅，仔细探寻一下这些沿用至今的曾试图帮助我们更小心谨慎的办法，并尝试分析它们的利弊。我希望你可以知道，这些努力已让环境变得更加安全和美好。但在结尾我会指出，来自外界或他人的劝说终归只在短期内有效。单凭它们，意外伤亡率并不会像 20 世纪那样迅速地下降。为了实现更加安全的目标，我们要像本书中所写的那样，主动提升安全意识，并付诸行动。

呼吁、安全手册和恐吓战术

本章开头提到的艾森豪威尔总统面向全美国的呼吁是一个良好的开端。PSAs（面向公众的公告）[2] 长期以来一直被用来提醒大众需要注意的事项，比如要更加小心谨慎。PSAs 可以卓有成效地提示我们之前并不知道的危险，或者让我们更加了解某种新的危险。我不知道莱姆病或寨卡病毒具体是怎么回事，但 PSAs 至少让我意识到了它们的存在。即使是我已经知道的某种危险，通过 PSAs 传播后，它就会在我脑海中形成挥之不去的印象，它会不断提醒我对此应该更加警觉，即便自己还没做到警觉。

然而，PSAs 这种方式也存在许多问题。它们属于心理学家所称的“低参与度的指令式教导”。对于它们，我们不需要做任何事，只需看看或者听听就好，所以通过它们传播的信息就很容易被忽略。同时，它们还需要我们清楚地记住才能发挥作用，而现实情况并非如此。就比如 1954 年安全驾驶日那天，一个人在高速公路上一边疯狂地飙车，一边想着今天好像是什么特殊的日子，但具体是什么，他想不起来。

事实证明 PSAs 这种方式对那种一次性就可以完成的任务[3]是非常有效的，例如倡导人们去做癌症筛查。但当它们要求我们做出持续的、长期的行为改变时，结果就不那么尽如人意了。1960 年，约翰·肯尼迪（John Kennedy）总统在《体育画报》上刊登了一篇题为《柔软美国人》的文章，呼吁人们注意保持身材，多运动。在 20 世纪 80 年代后期，兴起了倡导远离毒品的“这就是你大脑在吸毒时的样子”运动。然而直到今天，肥胖人群仍然在增多，吸毒的人也未见减少，甚至有人在开车前吸毒。我们需要知道，PSAs 的有效性会在一定时间内出现一个峰值[4]，之后便开始回落，目标受众的行为最终会返回到之前的基线水平。

如果有人能整日跟着我们，随时准备递上安全提示，一旦我们可能做出危险之举就立刻上前劝阻呢？就好比当我们准备闯红灯时，发现艾森豪威尔总统突然坐到了车的后排座位上？这样我们便不需要时刻记得自己需要做什么了，反正有人会来提醒；前总统的脸突然出现在后视镜里，听上去也挺刺激有趣的。信不信由你，研究证明，即便是采用了这种方法，结果也是好坏参半。研究还表明，人们对“可以请你注意一下吗？”的回答通常都是“不”。澳大利亚新南威尔士大学的布雷特·莫尔斯沃思（Brett Molesworth）研究了航空公司的乘客对空乘人员的提示给予的关注度。他的试验过程如下：空乘人员会请乘客先坐好，然后向他们宣读乘客的权利。之后对乘客进行抽查，询问他们听到了什么。试验的结果正如你所预期的那样糟糕。莫尔斯沃思尝试了更幽默的方式，甚至请名人来传递这些信息，他发现这样做之后确实会有些改善，但总体来说，乘客通常只能记住他们听到的一半内容。当然，在机组人员通过广播播放乘客安全须知后，空乘人员会来回走动，寻找和提醒那些未按照指示操作的人。但即便这样做了，也无法让所有不听话的乘客都乖乖遵守安全规范。[5] 2007 年的一项调查研究表明，在安全带信号指示灯亮起，表明需要系上安全带时，约有 2% 的乘客很少或者从不遵守这项规范。[6] 这意味着一架波音 737 或者空客 A320 中平均有三位乘客不遵守规范。

还记得 2013 年美国旧金山发生的那场空难吗？有两名乘客当场被甩出机舱并死亡。美国国家运输安全委员会的调查表明，这两名乘客都没有系安全带。[7] 韩亚航空公司出现的这次飞行事故同样暴露了乘客安全须知的另外一个问题：当他们告诉人们要这样做时，却没有告知这样做的原因和理论依据，我们现在已知道，这对于一个人是否会听从建议起着相当大的作用。对于需要由他人传递给我们的安全信息，都会有这样的一个限制：要解释应该这样做的原因需要太长的时间，或者难以在一块广告牌中全部呈现出来。

以上这些问题又促使安全提示领域想出了一个新的方法：安全小手册。[8]它便于携带，相比于一次性的告知，它告诉你为什么这样做才更安全。这样你有更多时间可以阅读小册子，也有更多时间仔细考虑。但宣传小手册同样属于低参与度的指令式教导，它有一个更为严重的缺陷：它通常被视为推销商品的方式，导致我们很多人对它几乎视而不见。这些安全小手册通常被放置在架子上，等着人们拿走。哪怕有人把它们递到我们的手里，它们被翻开的可能也仅仅比放在架子上时高了一点点。一项研究表明，在接受脊椎按摩的病人之中，有 1/3 的人会主动要求带走一本包含治疗建议的小册子，然而这些人当中只有 1/4 的人会真正按手册中的建议行事。

一些安全建议试图避开我们在前面所提到的涉及注意力、记忆、解释原因和依据的问题，而直接展示让人感到恐惧的画面，促使我们做（或者不做）某些事情。在我上高中的时候，曾经被要求观看有关车祸的视频，当中一些画面血淋淋的程度简直和山姆·雷米（Sam Raimi）的恐怖电影不相上下。起初这会让人十分震惊，但之后我们对恐惧的态度，就会像“恐惧上诉论”[9]描述的一样，收效甚微了。凯莱恩·威廉斯（Kaylene Williams）在这一理论中指出，我们首先会对威胁做出评估。然后会自问：这件事真的会发生在我身上吗？之后，我们便会建立一个恰当的应对机制，帮助自己减轻恐惧。这段车祸视频制作者的初衷是，让我们认识到这种恐怖场景会真的发生，我们开车会更加小心，以免这种恐怖的车祸发生在自己身上。但为了避免那些血腥的画面给自己留下心理创伤，我们这些70后的想法并没按照制作者设计的剧本发展。拜前文提到的对自己有“刀枪不入”之感所赐，我们选择坚信这种可怕的事绝对不会发生在自己身上。为了应对视频中残酷画面带来的恐惧，我们选择了麻木的应对机制，甚至开玩笑说那些流出来的肠子可以拿来跳绳之类。时至今日，图片和恐吓战术仍然被广泛使用。

卷起的报纸

当人们不愿遵守在报纸上看到的面向公众的公告时，为什么不干脆把它卷起来，奋力反击呢？原因在于，这些公告的背后有时暗含了强制性的约束。在那些容易被监控的危险举动被列为法律禁止行为后，社会的安全性明显有了提升。在美国联邦政府开始鼓励各州采取更为严格的与酒驾相关的法律之后，因酒驾而导致的死亡人数明显有所下降。与此同时，警察也接受了专门识别酒驾司机的训练（比如不稳定地变速行驶和车道漂移）。虽然因酒驾导致的死亡人数的下降部分要归因于老年人和女性开车比例的上升（没错，她们很少酒驾），但它更多应归功于对酒驾的严惩。[10]在安全带的使用上，我们也能看到相同的趋势。对系安全带有更严格要求的地方，系安全带人数的比例也更高。华盛顿州的居民要为不系安全带支付124美元的罚金，因此这个州的安全带使用率是97.5%。[11]密苏里州的居民不系安全带只需支付10美元的罚金[12]，所以这个州的安全带使用率只有 79.9%。[13] 康涅狄格州的 3 名研究人员估测了司机认为被罚款的风险 [14]，发现这一指标可以强有力地预测安全带的使用情况。

对法律而言，执行才是成功的关键。如果司机把手机放到更低的位置，警察就不太可能发现，人们就可能不遵守规定，边开车边发短信。[15] 这正是我们现在所看到的某些法律形同虚设的原因。还有一些行为，会让我们遭受意外伤害甚至死亡，但远非法律可管辖的范围。并没有人会因为站在梯子顶端或者用不恰当的方式切百吉饼而被起诉。

以上这些事例相同的局限性就是，它们将注意安全这个大话题拆解成了成千上万个小问题。人类遇到的危险事件和做出的危险行为会日益增多，如何对所有事项都给出安全提示呢？又有谁能记住这些提示呢？这种提示背后的冗长理由是什么呢——无论这个理由多么有说服力。

面对各种安全问题，我们需要的是更多自上而下的解决办法，这正是我写作本书的目的所在。与其让你无数次地被他人提醒，告诉你应该在开车时集中注意力观察路况而不是分心玩手机，或者应该在看孩子时一心一意，不如直接让你知道，无论在任何情况下，一个人集中注意力的能力都是有限的。与其给你一本介绍如何安全使用厨房刀具的小册子，不如让你知道，无论你用何种工具，都有可能手滑，所以不要让脆弱的身体部位靠近锋利的工具。我有让你记住每年被白鼬咬伤的可能性是多少吗？当然没有。我们提到的都是现实生活中你面临的常见风险的真实发生概率。与此同时，相信你已意识到了，自己对风险的看法几乎可以被任何事改变，包括但不限于电视、天气和内衣。我们并没有不断机械重复地提醒你开车右转，遇到红灯时完全停下来，仔细观察再走。取而代之的是向你说明，为什么这样做是个好主意，以及用事实证明此时经常会有意想不到的人或车从意想不到的地方钻出来，极易发生危险。我没有告诉你永远别在街头换钱，因为事实已证明说了也没用。我直接讲述了自己的亲身经历，那个哥伦比亚街头的骗子高手给了我一个听上去合乎情理的建议，骗走了我身上大部分的钱。

我们对自己不那么完美理性的头脑有了新的认识，并结合现实生活中的具体情况，看到了这些认知局限是如何让我们陷入各种危险的，包括被自己的脚绊倒，用螺丝刀把自己刺伤，开车撞到大树上以及用网络上信息给自己诊断病情等。

所以，到此为止，我一定要说声："恭喜你！"因为读完以上所有内容的你已几乎是更安全的人了。看到此处你可能会想：几乎是？难道还有什么遗漏的问题？呃……没错，接下来便到了更困难的部分。

做出最后的改变

我们有过多少次下定决心做出改变的经历？无论是减肥，更健康的饮食，健身还是学外语。如果你曾在某个时刻对自己承诺要做到上述一件或者几件事，最后却无疾而终，请不要太责怪自己。至少，你并不是一个人。针对如何让人更好地实现目标，例如减肥，戒烟，提高效率，建立更好的人际关系，以及所有我们能想到的各种目标，已有成千上万的研究。我想为你讲述以下这个关于如何做出改变的例子，因为它很有代表性，又足够有趣。

多少人能坚持新年计划

心理学家约翰·诺克罗斯（John Norcross）曾对许下新年愿望的人进行过一项经典的研究。[16] 诺克罗斯发现，约有 30% 的人坚持了一周就放弃了，1 月底，45% 的人的新年计划已宣告失败。6 个月之后，60% 的人表示没有再坚持。两年之后，只剩下 19% 的人能够成功做到实现目标。对我们来说，最迫切的问题就是：如何让自己成为那 19% 的人。在讨论做什么会有帮助之前，先让我们来看看，诺克罗斯研究出哪些内容对此毫无帮助，因为这当中似乎有许多很流行的错误理解。一些人以为，实现目标的关键在于下定决心。诺克罗斯却指出，意识到并下定决心只是发生改变的第一步，仅仅依靠它是无法实现长远目标的，最典型的就是新年目标。许多人认为成功与否要看有无意志力。他们会认为只有那些意志坚定的人才能做到只要说出“从现在开始，我要坚持健身”，之后便能长期保持 6 块腹肌，直到他们死去。而当他们感觉自己没有这样坚定的意志力时，就会沮丧气馁，甚至放弃。然而在诺克罗斯的研究当中，一个重要的发现是，对那些能坚持到最后的 19% 的人来说，意志力确实是重要的，但仅仅是在开始的几个月重要。一旦人们在最初的几个月坚持下来，之后意志力便不再是决定性的因素了。还记得吗，心理学家加布里埃尔·厄廷根曾警告过我们，乐观主义会带来的巨大风险，诺克罗斯也发现，仅仅沉醉于对美好结果的臆想中的人也会很快放弃计划。他还发现，例如不断自责的消极心态，也会让人注定成为无法实现目标的 81% 中的一分子。

所以到底是什么成就了那 19% 达到目标的人？事实证明，细节决定成败。

拉钩起誓

在有关新年愿望的研究中，诺克罗斯发现，那 19% 坚持到最后的人表示，社会支持是一个强有力的因素，尤其是在度过前 6 个月之后。虽然你不可能在你的整个社区来一次安全总动员，但我相信你至少可以找一两个伙伴作为盟友，和你一起在更重要的事情上做到更加谨慎小心。

有一次，美国国家运输安全委员会在华盛顿特区举行会议，专门探讨开车时分心所带来的问题。这次会议临近结束时，董事会成员罗伯特·萨姆沃特（Robert Sumwalt）要求我们每个人都向他保证，我们都不会边开车边用手机。他不但要求我们在开车时不打电话也不接电话，还让我们答应，当我们和别人通话时，如果发现对方正在开车，则立刻停止通话。“等你到了目的地时再回我电话，咱们到时候继续说。”萨姆沃特告诉我们可以这样告诉对方。在这次会议中，萨姆沃特让我们做的正是商业管理中所说的心理契约。和其他契约一样，心理契约是一个关于我们做什么或者不做什么的承诺，只不过它并没有被写在纸上记录下来。

心理契约并不是什么新鲜事。我们都曾听过拉钩起誓，并记得拉钩许下的誓言是一定要算数的。日本人把拉钩起誓称为“断指协议（yubikiri）”，大致可翻译成若不遵守，就要切断手指。我和一位日本朋友求证断指协议的说法，他的解释是：“我们是一个做事一丝不苟的民族。这也是日本人从来不迟到的原因。”这便产生了一个问题，就是对我们这些即使不遵守也不会丢掉手指的人来说，心理契约真的有用吗？

在《影响力》一书当中，作者罗伯特·西奥迪尼讲述了1975年的一项研究。一名研究人员在美国纽约的海滩边铺了一条毯子，在上面放了一台漂亮的收音机，并把它留在了那里，无人看管。当第二名研究人员路过，试图偷走这台录音机时，周围晒太阳的人中并没有人上前阻拦。你还记得前文曾讲到的吧？哪怕是在光天化日众目睽睽之下，我们也可能被人当众杀害。然而，在第一名研究人员离开前和旁边的人打声招呼，告诉他“请帮我照看一下我的东西”[17]后，几乎所有被拜托的人都会去追赶第二名研究人员所扮演的小偷，一些人甚至会停下手中的事情，立刻上前制止他。很明显，当我们承诺别人要做到某件事时，就更可能为了实现承诺而采取行动。西奥迪尼做过这个经典研究以后，这一发现已被后人多次验证。

心理契约是帮助我们达成目标的得力助手，但它也要经受突发事件、诱惑、旧有习惯以及单纯的遗忘这些负面因素的考验。对保证安全来说，有太多的事情会致使我们受到伤害，所以我们很难做到在每件小事上都达成一份心理契约，因为事情太多，根本做不过来。但我认为，如果我们能找到一两个朋友，并和他们在一两件事上拉钩起誓，我们就已经可以让生活发生一些变化。比如和朋友说好你不会再边开车边打电话了。

将社会支持应用于现实中最具前景的一个例子，是美国公共广播公司（PBS）一档儿童节目《接住！拉夫曼》（*Fetch! with Ruff Ruffman*）。在这档节目当中，编导制作了一个小视频，告诉孩子如何制止家长边开车边打电话的行为。这个办法就是“使用以往尚未被发掘的资源……孩子的唠叨大法”。视频中将这一办法称为“令人敬畏的可再生资源”，它鼓励儿童在大人开车时扮演“可以一直发出提示的小机器人，迫使大人专心看着路况而不分心做其他事”。这虽然也是一种让自己注意安全的自发性行为，但一旦这样做，你就相当于给自己建了一个私人警局。

设置提示

当人们想要做出行为改变时，还有一个有效的方法，就是设置提醒。诺克罗斯关于新年愿望的研究表明，在两年之后能够完成既定目标的那 19% 的人都提到他们坚持使用提示，并提到他们在实现目标过程中的每个阶段都在使用提示。从开始制订计划到第一周、第一个月、第六个月直到两年后，他们都在使用提示。提示可以是你放置在周围的任何东西，提醒你要更加小心，注意安全。你甚至还可以设置提示，来提醒你和别人说好的拉钩起誓。

在那次由美国国家运输安全委员会举办，罗伯特·萨姆沃特要求我们做到不要边开车边用手机的会议上，我遇到了乔尔·费尔德曼（Joel Feldman），他是一名律师。他在会上告诉大家，自己曾边开车边打电话。但他可以确定，从没因此而伤害到自己或任何其他人，事实上他确实没有。之后，2009年的一天，她的小女儿在过马路时被开车分心的司机撞死了。费尔德曼随后成立了一个名为“结束分心驾驶”的组织，并向美国的27.5万名在校生演讲有关安全驾驶的内容。费尔德曼向我们展示了一个橡胶手环，上面印有他们组织的名字。手环就是提示物，它能让人记住他们在演讲中听到的内容。听完他的分享之后，我带走了两个手环，并在接下来的3个月一直带在身上。我把它戴到了右手腕——用手机的那只手腕。无数次，我发现自己在开车时会不经意地拿起手机，通常只是简单地扫一眼。因为佩戴了手环，它总是提醒我那个悲伤的故事，这让我不再边开车边用手机。这个手环不但提醒我发生在费尔德曼小女儿身上的悲剧，也提醒了我在会议上对萨姆沃特做出的承诺。

奖励

诺克罗斯还发现，让新年计划持续下去的动力是奖励。能够坚持挺过第一周和坚持两年以上的人都表示，奖励措施能提供有效的帮助。在《改变学》（*Changeology*）一书中，费尔德曼介绍了一些可以奖励自己的东西：糖果、外出就餐、按摩和内部庆祝。诺克罗斯建议我们制定一个系统，周期性地奖励自己，庆祝自己取得的成就。想一想，在研究当中只有19%的人能坚持完成自己最初希望做到的事情。这么一看，告诉自己你已坚持到了现在，进展还不错，值得奖励一下自己。

没有什么比得到同伴的称赞更让人感到高兴了：让和你相熟的人走上前来，握住你的手，对你衷心地表示祝福，并赞扬你“做得真棒！”——尤其是这种事他们自己没有做到的时候。因为在航空业工作，我知道因保障安全而被表扬是非常困难的。人们只会关注空难信息，谁会留意那些每天安全降落的飞机呢？如果你的目标是减肥，那么只要你变瘦了，所有人都看得见。但如果你的目标是让自己更安全，这就很难展示了。你不得不向别人解释说，自己这样做以后，能成功地活着出现在这里，而不是躺在某个墓地里；或者你的手没有因为滥用螺丝刀而受伤。即便你这样说了，别人可能也不会认为有什么了不起的，或有什么值得称赞的。但如果你真的成功地做到了更加小心，有一天你我有机会相遇，你走过来对我说，你已成功地改变了自己，改掉了以前的高危险行为，并采取了更多措施保护自己的安全。我一定会和你握手，表达我的赞赏和敬佩。因为这是一件需要付出努力却很难让别人看到显著效果的事，没人能比我更了解这一点了。

事实证明，在某些方面，谨慎小心也是可以被衡量的，你也可以根据真实的参考标准奖励自己。开车就是这样的少数事例之一，我们能知道人们平均开多少千米之后就会出现事故。所以从今天开始，你可以在冰箱上贴一张进程表。美国联邦高速公路管理局估计，在美国，每名司机每年的平均驾驶里程为 16 550 英里。保险公司告诉我们，人们平均每 10 年会出现一次交通事故和索赔。[18] 所以这意味着，平均每人驾驶 165 500 英里（266 350 千米）后就会发生交通事故。你的情况如何呢？如果你已安全开了 182 050 英里，这意味着你的水平比平均水平高出 10%。如果你已安全驾驶 198 600 英里，意味着你的水平比平均水平高 20%。若你能够达到驾驶 300 000 英里而不出现事故，那么这简直值得赛车手安迪·皮尔格里姆为你拍手祝贺了。

练习，练习，再练习

让时刻留意安全变为本能反应和自发行为的方法，就是不断地练习：一遍又一遍地重复，直到你不去想也能做到。我已经开始这样做了，也把很多安全注意事项融入日常例行事项中。我开车到社区附近时自动放慢车速已成为不需要提醒的行为。上车以后我也会毫不犹豫地把手机收好，不再使用。之前我在过单行线时，只会朝一个方向看。现在我会左右两边都看看。

伟大的哲学家艾尔弗雷德·诺思·怀特海（Alfred North Whitehead）曾说过：“文明的进步来自我们不断扩展自觉的、不假思索便可做到的行为。”或许你会觉得很讽刺，我在本书中试图让你在做任何事时都能先停下来，想一想再行动，还特别强调了应该对那些你已经习以为常、不假思索就直接做的行为多加注意。不过，这样说并没有错：你可以把先思考再行动这件事做得更加熟练，甚至如例行规定一般，不需要停下来单独思考要先想想再行动这回事。大约20年前，我开车穿过旧金山市中心一个十字路口时曾被撞到。在此之前我从未想到过，我后面左转的车会撞到我的车。从那时起，当我过十字路口时不再不管不顾地冲过去，而是放慢车速并看下周围的情况，确定没什么风险再通过。因为这样坚持多年，现在的我再到路口时，根本不用花时间提醒自己要放慢车速看看周围，就已经下意识这样做了。

特技女演员吉尔·布朗说过，她的工作重塑了她，让她无论在哪里、做什么时都会更加小心谨慎。“这就像下棋，一步错，步步错。如果不在开始时多加小心，就有可能最终酿成大祸。”

几周前，当我开车停在一个停车标志前时，正好遇到一个老师带领小学生穿马路。老师要求他们手拉手一起过马路。在那一刻我突然意识到，这些孩子的安全完全依赖于我踩刹车的那只脚。万一我脚一滑没踩稳、打了个喷嚏或者突发心梗死掉了，该怎么办？想到这里，我换到了停车挡，并更用力地踩在刹车上。

把小心翼翼变成一件很酷的事

在我小时候，人们经常随手扔垃圾，有时甚至在开车时直接将垃圾丢出窗外，并对此不以为然。而今天，在其他人面前随便乱扔垃圾显然违反了心理学家所说的社会规范。把垃圾扔在地上也不再是一件让人感觉很酷的事。接下来，有了废品回收机制。在人们开始把垃圾扔进垃圾桶之后，社会环境会引导和监督我们把垃圾分类，然后放入不同的垃圾箱中。尤其在孩子面前，我们不得不把垃圾层层拆解，并把它们扔进对应的垃圾箱中。记得有一次，在一名小朋友的目光注视下，我手里拿着一个木制的咖啡搅拌器，呆呆地看着面前 3 个颜色的垃圾箱，不知到底该把它扔进哪一个垃圾桶，尴尬至极。自 1969 年以来，乱丢垃圾的比例已下降了 69%，35% 的垃圾现在已被回收利用。

我们也越来越多地使用可循环物品。在我年轻的时候，一旦我把某件东西扔进垃圾箱，就再也不想看到它了。如果你告诉我，我刚刚喝咖啡的杯子，部分原料是由 6 个月前我扔掉的那个杯子做的，估计会把我惹怒，并朝你大声说句：“呸！”这种心态目前已大为改变。你可以在网络上看到比尔 · 盖茨带头饮用污水再净化处理后的水。回收和再利用已变成了一件很酷的事情。

如果建立强大有力的社会规范能帮助我们把地球变得更美好，我不禁想到，是否可以建立类似的社会规范，让我们变得更安全呢?

“这真是个价值千金的好问题。”美国宾夕法尼亚州斯克兰顿大学的心理学教授杰西卡 · 诺兰（Jessica Nolan）回答道。她在研究社会影响在回收行为和节能环保方面的作用。“我们已在好莱坞的电影中看到了类似的影响力。你能看到，这已经在有关环境的安全问题上发挥了效力，”诺兰指出，“而且它也对孩子产生了积极的影响。”诺兰反复提到，这种社会规范一旦建立起来，就会影响深远。她以法律禁止在公共场合吸烟为例，对此加以说明。“如今人们遇到他人在公共场所吸烟时，会更有可能上前阻拦。”我们不但会发现越来越少的人吸烟，还能看到更多人自愿加入公共场所禁烟监督者的行列。

我不禁意识到，人们的危险行为当中，只有一部分是发生在别人面前的：比如开车、走路或者骑车。其他很多行为都是私下进行的，不会受到公众的监督。但诺兰指出，观察他人可以产生持续的影响，有时候只需看别人如何做就已经足够了。她的话让我想起了她的同事罗伯特·西奥迪尼所做的针对乱扔垃圾的研究。在这项研究中，研究人员来到停车场，故意把传单塞到汽车的挡风玻璃和雨刷器中间，并观察司机看到后的行为。他们会如何处理这些恼人的传单呢？试验结果证明，这取决于停车场周围的环境。如果人们环视四周，发现停车场本身就很脏乱且有很多垃圾时，人们会更可能乱丢这些传单，因为他们会假设其他人也是这样做的。而如果司机身处一个干净整洁的停车场中，他们会更倾向于把传单带走，而不是随便丢在地上。

诺兰的话也让我想起自己曾经做过一次反面典型。还记得某个午夜，我从一家酒吧里出来，踩着滑板车，穿过旧金山的一条条街道。那时俱乐部的流行风气就是这样。我清楚地记得，当时有一辆汽车从我身边经过，司机透过车窗朝我大喊：“溜冰的小子，干得不错哦！”今天回想起来，我意识到自己当时的行为其实助长了负面的、不计后果的社会风气。我应该改变这种行为，成为正面的榜样。其实我们每个人都是安全形象大使，自己的行为会影响他人。所以，请从自身做起，更加注意安全，并让身边的人都知道应该这样做。“榜样的力量是无穷的。”诺兰说道。

现在，接近尾声了，我想以一个之前很少提及的词作为结束。这个词通常被人们用来形容非故意引起的受伤或者死亡，这正是我们在整本书中所探讨的内容。这个词就是：意外（accident）。意外，是指当你过马路的时候，在踏上斑马线之前，看到行人信号灯已亮起，观察了两侧路况，然后才小心地迈出第一步，这时却被一颗在外太空飞行了三年的陨石砸中。对于意外，我唯一能告诉你的就是，这种事发生的概率微乎其微，如果它真的发生在你身上，那你的运气实在是差到极点了。在本书当中，我们讨论的是另外一类伤害——这种每年都让越来越多的人受伤和死亡的危险。我们在多年前就不再使用“意外”这个词来形容它了，取而代之的是“可预防的受伤”。要相信，凭借我们警惕的双眼（虽然有时会走神），良好的技能（虽然偶尔会失灵），敏锐的判断力（没准儿一时也搞错），以及做到未雨绸缪和相互关照，我们一定可以将这种所谓的“意外”发生的可能性降到更低。请你相信，我们拥有不出意外的能力。

祝你平安。

致 谢

感谢和我一起参与这个项目，并在过程中不断给予我建设性意见的人：埃琳·卡斯纳（Erin Casner）、约翰·雷林（John Rehling）、伊万·卡韦罗·贝朗得（Iván Cavero Belaunde）、斯蒂芬·威诺克（Stephan Winokur）和杰伊·斯托克斯（Jay Stokes）。

非常感谢那些接受我采访，并花时间和我分享他们的经验和专业知识的人。德博拉·赫斯曼和她在美国国家安全委员会的同事慷慨地和我分享了他们的专业知识以及他们拥有的资源。在此要感谢我在本书当中所提到的对安全领域进行研究的众多学者。这些科学家现在是，并将一直是我心中的英雄。

唐·诺曼，科学家兼作家，鼓励我寻找更广泛的听众，以验证我在脑海中一直思索的有关安全的想法。唐还向我引荐了他的对外事务代理人。

桑德拉·迪杰斯特拉（Sandra Dijkstra）和埃莉斯·凯普伦（Elise

Capron）第一时间回应了我的提议，帮助我起草了一份大纲，并将它提交给河源出版社，在那里我遇到了执行编辑考特妮·扬（Courtney Young），她很认同本书的内容。她编辑了手稿，把它打造成一本更有趣的读物，并删除了里面的粗鲁用语。

格洛里·安妮·普拉塔（Glory Anne Plata）、吉妮·马丁（Jynne Martin）和詹妮弗·黄（Jennifer Huang ）设计了英文版封面上的那只香蕉，恰到好处地表现了本书所要传递的内容。感谢安杰拉·罗伯逊（Angela Robertson）和保罗·马丁诺维奇（Paul Martinovic）在英国宣传推广了本书。

注　释

第一章　不安全的世界

1. **"Stride right into the street":** Norton, P. D. (2008). *Fighting traffic: The daw of the motor age in the American city*. Cambridge, MA: MIT Press. Cited i Clive Thompson's 2014 article When pedestrians ruled the streets, *Smithsc nian Magazine*, December. http://www.smithsonianmag.com/innovation when-pedestrians-ruled-streets-180953396/?no-ist.
2. **Gave the kids heroin:** An over-the-counter children's preparation of heroin wa marketed by at least one drug company in the early 1900s but was changed t prescription status in the United States in 1914 and then altogether banned i 1924. Edwards, J. (2011). Yes, Bayer promoted heroin for children—here ar the ads that prove it. *Business Insider*, November 17. http://www.businessi sider.com/yes-bayer-promoted-heroin-for-children-here-are-the-ads-tha -prove-it-2011-11.
3. **Cars go even faster:** The average horsepower of all cars has been steadily ir creasing since the energy crisis of the late 1970s. See the 2016 report from th Insurance Institute for Highway Safety, Highway Loss Data Institute: Vehicle are packing more horsepower, and that pushes up travel speeds. *Status Repo* 51(5). http://www.iihs.org/iihs/sr/statusreport/article/51/5/2.
4. **Skydiving popular as ever:** Benedictus, L. (2016). Why are deadly extrem sports more popular than ever? *The Guardian*, August 20. https://ww .theguardian.com/sport/2016/aug/20/why-are-deadly-extreme-sports-mor -popular-than-ever.
5. **Sack of Constantinople:** Crowley, R. (2005). *1453: The holy war for Constant nople and the clash of Islam and the West*. New York: Hachette.
6. **Decca Records:** The Beatles (2000). *The Beatles Anthology*. San Francisc Chronicle Books.

第二章　一心多用的妄想

1. **North Dakota highway crash:** Reported in *USA Today* (2014), Cops: N.D. drive in fatal 85-mph crash was on Facebook, September 5. http://www.usatoda .com/story/news/nation/2014/09/04/dakota-fatal-crash-facebook/15101331

2. **Distracted-driving crash injuries per day:** U.S. crash data from www.distraction.gov.
3. **Twenty-seven seconds to fully recover:** Strayer, D., Cooper, J.M., Turrill, J., Coleman, J.R., Hopman, R.J. (2015). The Smartphone and the Driver's Cognitive Workload: A Comparison of Apple, Google, and Microsoft's Intelligent Personal Assistants. AAA Foundation for Traffic Safety. https://www.aaafoundation.org/sites/default/files/strayerIIIa_FINALREPORT.pdf
4. ***Change blindness:*** Read about Simons's famous experiments in the book *The Invisible Gorilla*, written with colleague Christopher Chabris, or watch the videos online at www.theinvisiblegorilla.com.
5. **Roy and Liersch's study:** Roy, M. M., and Liersch, M. J. (2014). I am a better driver than you think: Examining self-enhancement for driving ability. *Journal of Applied Social Psychology* 43(8), 1648–1659.
6. **Texting suffers while driving:** He, J., Chaparro, A., Wu, X., Crandall, J., and Ellis, J. (2015). Mutual interferences of driving and texting performance. *Computers in Human Behaviors* 52, 115–123.
7. **Eastern Air Lines Flight 401 crash:** All U.S. airline crashes are investigated by the National Transportation Safety Board and their final reports are always available online for free. Search for Report Number NTSB-AAR-73-14. It'll pop right up.
8. **Mind wandering while driving:** Yanko, M. R., and Spalek, T. M. (2014). Driving with the wandering mind: The effect that mind-wandering has on driving performance. *Human Factors* 56(2), 260–269.
9. **The restless mind:** Smallwood, J., and Schooler, J. W. (2006). The restless mind. *Psychological Bulletin* 132(6), 946–958.
10. **Half our waking lives mind wandering:** Killingsworth and Gilbert started quite a debate with this paper. Killingsworth, M. A., and Gilbert, D. T. (2010). A wandering mind is an unhappy mind. *Science* 330, 932.
11. **Mind wandering while flying:** Yes, we all do it. Learn to fly and you'll do it, too. Casner, S. M., and Schooler, J. W. (2014). Thoughts in flight: Automation use and pilots' task-related and task-unrelated thought. *Human Factors* 56(3), 433–442.
12. **Mind wandering facilitates *autobiographical planning*:** Baird, B., Smallwood, J., and Schooler, J. W. (2011). Back to the future: Autobiographical planning and the functionality of mind wandering. *Consciousness and Cognition* 20(4), 1604–1611.
13. **Mind wandering and creativity:** Baird, B., Smallwood, J., Mrazek, M. D., et al. (2012). Inspired by distraction: Mind wandering facilitates creative incubation. *Psychological Science* 23(10), 1117–1122.
14. **French car crash study:** Galéra, C., Orriols, L., M'Bailara, K., et al. (2012). Mind wandering and driving: responsibility case-control study. *British Medical Journal* 345, e8105.
15. ***Vigilance decrement:*** Mackworth, N. H. (1948). The breakdown of vigilance during prolonged visual search. *Quarterly Journal of Experimental Psychology* 1(1), 6–21.
16. **Experienced lifeguards:** Page, J., Bates, V., Long, G., Dawes, P., and Tipton, M. (2011). Beach lifeguards: Visual search patterns, detection rates and the influence of experience. Ophthalmic and Physiological Optics 31, 216–224.

17. **Safe Kids Worldwide:** The water watcher card and many other tips can be found at www.safekids.org/other-resource/water-watcher-card.

第三章 人人都会犯错

1. **Don Norman and James Reason:** Don Norman's classic paper about slips is Norman, D. A. (1981). Categorization of action slips. *Psychological Review* 88(1), 1–5. Two books about human error, including many entertaining examples, are Norman's *The Design of Everyday Things* (2013; New York: Basic Books) and Reason's classic *Human Error* (1990; New York: Cambridge University Press).
2. **Prospective memory performance:** Dismukes, R. K. (2012). Prospective memory in workplace and everyday situations. *Current Directions in Psychological Science* 21(4), 215–220.
3. **Mensa:** Stanovich, K. E. (1993). Dysrationalia: A new specific learning disability. *Journal of Learning Disabilities* 26(8), 501–515.
4. **Self-esteem and defensiveness:** Heatherton, T. F., and Vohs, K. D. (2000). Interpersonal evaluations following threats to self: Role of self-esteem. *Journal of Personality and Social Psychology* 78, 725–736.
5. **Checklist use in medicine:** Gawande, A. (2009). *The checklist manifesto*. New York: Holt.
6. **Catching our own slips:** James Reason reports this and many other of his own research results in his book *Human Error* (1990; New York: Cambridge University Press).
7. **Errors made in airline cockpit:** Dismukes, R. K. (2009). Human error in aviation. Abingdon-on-Thames, UK: Routledge.

第四章 被低估的风险

1. **Florida crash:** The National Transportation Safety Board's final report and probable cause statement can be found under NTSB Identification MIA 92FA051. Multiple December 1991 newspaper articles appearing in the *Lakeland Ledger* covered the crash.
2. **Knowledge of risks:** Risk expert Paul Slovic summarizes decades of his research findings in his 2000 book *The Perception of Risk* (London: Earthscan).
3. **Television news stories:** The effect of news reporting on perception of risk has been addressed in many studies. See Burger, E. J. (1984). *Health risks: The challenge of informing the public*. Washington, DC: Media Institute; and Cirino, R. (1971). *Don't blame the people: How the news media use bias, distortion and censorship to manipulate public opinion*. New York: Random House.
4. **Traffic deaths following 9/11:** Sivak, M., and Flannagan, M. J. (2004). Consequences for road traffic fatalities of the reduction in flying following September 11, 2001. *Transportation Research Part F: Traffic Psychology and Behavior* 7(4–5), 301–305.
5. **Kayaking risks:** Fiore, D. C., and Houston, J. D. (2001). Injuries in whitewater kayaking. *British Journal of Sports Medicine* 35, 235–241.

6. **Boating risks:** 2014 Recreational Boating Statistics. U.S. Coast Guard. Office of Auxiliary and Boating Safety. https://www.uscgboating.org/library/accident-statistics/Recreational-Boating-Statistics-2014.pdf.
7. ***Unique invulnerability:*** Snyder, C. (1997). Unique invulnerability: A classroom demonstration in eliminating personal mortality. *Teaching in Psychology* 24, 197–199.
8. **Confidence among entrepreneurs:** Cooper, A. C., Woo, C. Y., and Dunkelberg, W. C. (1988). Entrepreneurs' perceived chances for success. *Journal of Business Venturing* 3, 97–108.
9. **Men are less concerned about hazards:** Flynn, J., Slovic, P., and Mertz, C. K. (1994). Gender, race, and perception of environmental health risks. *Risk Analysis* 14(6), 1101–1108.
10. **Men and seat belts:** McKenna, F. P., Stanier, R. A., and Lewis, C. (1991). Factors underlying illusory self-assessment of driving skills in males and females. *Accident Analysis and Prevention* 23, 45–52.
11. **Men and perceived superior intelligence:** Reilly, J., and Mulhern, G. (1995). Gender differences in self-estimated IQ: The need for care in interpreting group data. *Personality and Individual Differences* 18(2), 189–192.
12. **Men and perceived superior attractiveness:** Gabriel, M. T., Critelli, J. W., and Ee, J. S. (1994). Narcissistic illusions in self-evaluations of intelligence and attractiveness. *Journal of Personality* 62(1), 143–155.
13. **Perceived attractiveness while drinking:** Bègue, L., Bushman, B. J., Zerhouni, O., Subra, B., and Ourabah, M. (2013). "Beauty is in the eye of the beer holder": People who think they are drunk also think they are attractive. *British Journal of Psychology* 104(2), 225–234.
14. **Associating risky behavior with developmental processes:** Institute of Medicine and National Research Council Committee on the Science of Adolescence. (2011). *The Science of Adolescent Risk-Taking: Workshop Report*. Washington, DC: National Academies Press.
15. **Risk taking to creativity:** Galván, A. (2016). Why the brains of teenagers excel at taking risks. *Aeon*, June 14, https://aeon.co/ideas/why-the-brains-of-teenagers-excel-at-taking-risks.
16. **Smart, incarcerated kids:** Harvey, S., and Seeley, K. (1984). An investigation of the relationships among intellectual and creative abilities, extracurricular activities, achievement, and giftedness in a delinquent population. *Gifted Child Quarterly* 28, 73–79.
17. **Zuckerman and *sensation seeking*:** Zuckerman, M. (2007). *Sensation seeking and risky behavior*. Washington, DC: American Psychological Association.
18. **Crashes near pro football stadiums:** Insurance Institute for Highway Safety. (2014). Collision claim frequencies and NFL games. *Highway Loss Data Institute Bulletin* 31(25), December.
19. **The *bikini effect*:** Van dem Bergh, B., Dewitte, S., and Warlop, L. (2008). Bikinis instigate generalized impatience in intertemporal choice. *Journal of Consumer Research* 35, 85–97.
20. **Dread and risk:** Slovic, P. (2000). *The Perception of Risk* (London: Earthscan), 143–44.
21. **Peers and risk:** Gardner, M., and Steinberg, L. (2005). Peer influence on risk

taking, risk preference, and risky decision making in adolescence and adulthood: An experimental study. *Developmental Psychology* 41(4), 625–635.
22. **"410 Club":** National Transportation Safety Board. (2016). *Crash of Pinnacle Airlines Flight 3701. Accident Report NTSB/AAR-07/01.* Washington, DC: NTSB.
23. **Attractive eyewear:** Gawande, A. (2004). Casualties of war—Military care for the wounded from Iraq and Afghanistan. *New England Journal of Medicine* 351(24), 2471–2475.
24. **Risks and rewards:** Slovic, P. (2000) *The Perception of Risk* (London: Earthscan), 143.
25. ***Risk homeostasis:*** Wilde, G. J. S. (2001). *Target risk 2: A new psychology of safety and health.* Toronto: PDE Publications.
26. **Safer countries, more risk:** Olivola, C. Y., and Sagara, N. (2009). Distributions of observed death tolls govern sensitivity to human fatalities. *Proceedings of the National Academy of Sciences* 106(52), 22151–22156.
27. **Quality-of-life telephone survey:** Schwartz, N., and Clore, G. L. (1983). Mood, misattribution, and judgments of well-being: Informative and directive functions of affective states. *Journal of Personality and Social Psychology* 45(3), 513–523.

第五章　未雨绸缪

1. **Club fire:** Grosshandler, W., Bryner, N., Madrzykowski, D., and Kuntz, K. (2005). *Report of the technical investigation of The Station nightclub fire.* Washington, DC: National Institute of Standards and Technology.
2. **Rip currents:** These are not the same thing as riptides. Rip currents are what threaten beach swimmers. The National Weather Service has developed a website that aims to forecast rip currents. See if there's a forecast for your beach at www.weather.gov/beach/ilm.
3. **Systems 1 and 2:** Kahneman, D. (2011). *Thinking, fast and slow.* New York: Farrar, Straus, and Giroux.
4. **Keith Stanovich:** Stanovich, K. E. (2009). *What intelligence tests miss: The psychology of rational thought.* New Haven, CT: Yale University Press.
5. **Running toward familiar exits:** Sime, J. D. (1985). Movement toward the familiar: Person and place affiliation in a fire entrapment setting. *Environmental Studies* 17(6), 697–724.
6. **Oettingen and positive thinking:** Oettingen, G. (2014). *Rethinking positive thinking: Inside the new science of motivation.* New York: Penguin Random House.

第六章　彼此关心

1. **NTSB study of luggage grabbers:** National Transportation Safety Board. (2000). *Emergency evacuation of commercial airplanes.* NTSB Safety Study NTSB/SS-00/01. Washington, DC: NTSB.
2. **Enclosed spaces and stress:** Here's a fun study of people on crowded trains.

Cox, T., Houdmont, J., and Griffiths, A. (2006). Rail passenger crowding, stress, health and safety in Britain. *Transportation Research Part A: Policy and Practice* 40(3), 244–258.

3. **Noise and empathy:** Evans, G. W., and Cohen, S. (1987). Environmental stress. In D. Stokols and I. Altman (eds.), *Handbook of environmental psychology*, New York: Wiley, 571–610.
4. **Warm temperatures can rile us:** Anderson, C. A., Anderson, K. B., Dorr, N., and DeNeve, K. M. (2000). Temperature and aggression. *Advances in Experimental Social Psychology* 32, 63–133.
5. **Hungry judges:** This study helps you obey laws, or at least bring snacks to your next sentence hearing. Danziger, S., Levav, J., and Avnaim-Pesso, L. (2011). Extraneous factors in judicial decisions. *Proceedings of the National Academy of Sciences* 108(17), 6889–6892.
6. **Crowds and bar fights:** Macintyre, S., and Homel, R. (1997). Danger on the dance floor: A study of interior design, crowding, and aggression in nightclubs. In R. Homel (ed.), *Crime Prevention Studies, Vol. 7: Policing for Prevention: Reducing Crime, Public Intoxication and Injury*. Monsey, NY: Willow Tree Press, 91–114.
7. **Bad music and bar fights:** This paper is just one of Kathryn Graham's many fascinating studies of bar fights. Graham, K., and Hamel, R. (1997). Creating safer bars. In M. Plant, E. Single, and T. Stockwell (eds.), *Alcohol: Minimising the harm: What Works?*, 171–192. London: Free Association books. Also, search for studies by Curtis Jackson-Jacobs, another fascinating bar fight researcher.
8. **Women and bar fights:** The presence of women has a calming effect on male fighting in bars (see "Danger on the Dance Floor," referenced in note above). Sadly, it also gives rise to another problem characterized in this paper: Graham, K., Bernards, S., Abbey, A., Dumas, T., and Wells, S. (2014). Young women's risk of sexual aggression in bars: The roles of intoxication and peer social status. *Drug and Alcohol Review* 33, 393–400.
9. **Fatal bicycle crashes:** *Bicycle fatalities and serious injuries in New York City: 1996–2005*. A joint report from the NYC Departments of Health and Mental Hygiene, Parks and Recreation, Transportation, and the NYC Police Department.
10. **Improperly secured mattresses and other objects:** U.S. General Accountability Office. (2012). *Federal and state efforts related to accidents that involve non-commercial vehicles carrying unsecured loads*. GAO-13-24. Washington, DC: U.S. GAO.
11. ***Diffusion of responsibility*:** Darley, J. M., and Latané, B. (1968). Bystander intervention in emergencies: Diffusion of responsibility. *Journal of Personality and Social Psychology* 8, 377–383.
12. **E-mail study:** Barron, G., and Yechiam, E. (2002). Private e-mail requests and the diffusion of responsibility. *Computers In Human Behavior* 18(5), 507–520.
13. **Tested a group of five-year-old children :** Plötner, M., Over, H., Carpenter, M., and Tomasello, M. (2015). Young children show the bystander effect in helping situations. *Psychological Science* 26(4), 499–506.
14. **Good Samaritan study:** Darley, J. M., and Batson, C. D. (1973). "From Jerusa-

lem to Jericho": A study of situational and dispositional variables in helping behavior. *Journal of Personality and Social Psychology* 27(1), 100–108.
15. **Helping in cities:** Levine, R. V., Martinez, T. S., Brase, G., and Sorenson, K. (1994). Helping in 36 U.S. cities. *Journal of Personality and Social Psychology* 67(1), 69–82.
16. **Cookie study:** Isen, A. M., and Levin, P. F. (1972). Effect of feeling good on helping: Cookies and kindness. *Journal of Personality and Social Psychology* 21(3), 384–388.
17. **Music and helping:** North, A. C., Tarrant, M., and Hargreaves, D. J. (2004). The effects of music on helping behavior: A field study. *Environment and Behavior* 36(2), 266–275.
18. **Konrath study of declining empathy:** Konrath, S. H., O'Brien, E. H., and Hsing, C. (2011). Changes in dispositional empathy in American college students over time: A meta-analysis. *Personality and Social Psychology Review* 15(2), 180–198.
19. **The *first* lifeboat:** Campbell, W. K., Bonacci, A. M., Shelton, J., et al. (2004). Psychological entitlement: Interpersonal consequences and validation of a self-report measure. *Journal of Personality Assessment* 83(1), 29–45.
20. **First-person pronouns:** Twenge, J. M., Campbell, W. K., and Gentile, B. (2013). Changes in pronoun use in American books and the rise of individualism, 1960–2008. *Journal of Cross-Cultural Psychology* 44(3), 406–415.
21. **Narcissism and aggressive behavior:** Bushman, B. J., Bonacci, A. M., van Dijk, M., and Baumeister, R. F. (2003). Narcissism, sexual refusal, and aggression: Testing a narcissistic reactance model of sexual coercion. *Journal of Personality and Social Psychology* 84(5), 1027–1040.
22. **Numbing to war casualties:** Summers, C., Slovic, P., Hine, D., and Zuliani, D. (1998). Psychological numbing: An empirical basis of perceptions of collective violence. In C. Summers and E. Markuson (eds.), *Collective violence: Harmful behavior in groups and government*. Lanham, MD: Rowman and Littlefield.
23. **Automatic social behavior:** Bargh, J. A., Schwader, K. L., Hailey, S. E., Dyer, R. L., and Boothby, E. J. (2012). Automaticity in social-cognitive processes. *Trends in Cognitive Science* 16(12), 593–605.
24. **Cialdini on free samples:** Cialdini, R. B. (1984). *Influence: The psychology of persuasion*. New York: Collins.
25. **Feel-good hormones:** Moll, J., Krueger, F., Zahn, R., et al. (2006). Human fronto-mesolimbic networks guide decisions about charitable donation. *Proceedings of the National Academy of Sciences* 103(42), 15623–15628.

第七章　提供建议，接受建议

1. **Crime in Colombia in the 1980s:** Valencia Agudelo, G. D., and Cuartas Celis, D. (2009). Exclusión económica y violencia en Colombia, 1990–2008: Una revisión de la literatura. *Perfil de Coyuntura Económica* 14, 113–134.
2. **"The cheerful giver of advice":** Shaw, C. G. (1920). *Short talks on psychology*. Miami: Hardpress, 145–46.
3. **Advice giver's thinking process:** Yaniv, I. (2004). The benefit of additional

opinions. *Current Directions in Psychological Science* 13, 75–78; Yaniv, I. (2004). Receiving other people's advice: Influence and benefit. *Organizational Behavior and Human Decision Processes* 93, 1–13.

4. ***Egocentric advice discounting*:** Harvey, N., and Fischer, I. (1997). Taking advice: accepting help, improving judgment, and sharing responsibility. *Organizational Behavior and Human Decision Processes* 70, 117–133.
5. **Advice we didn't ask for:** Deelstra, J. T., Peeters, M. C. W., Schaufeli, W. B., et al. (2003). Receiving instrumental support at work: When help is not welcome. *Journal of Applied Psychology* 88, 324–331.
6. **Mood and advice:** Reported in Gino, F. (2013). *Sidetracked: Why our decisions get derailed, and how we can stick to the plan*. Cambridge, MA: Harvard Business Review Press.
7. **Paying for advice:** Gino, F. (2008). Do we listen to advice just because we paid for it? The impact of advice cost on its use. *Organizational Behavior and Human Decision Processes* 107(2), 234–245.
8. **Chainsaws:** Koehler, S. A., Luckasevic, T. M. Rozin, L., et al. (2004). Death by chainsaw: Fatal kickback injuries to the neck. *Journal of Forensic Science* 49(2), 345–350.
9. **Confident, authoritative advice givers:** Price, P. C., and Stone, E. R. (2004). Intuitive evaluation of likelihood judgment producers: evidence for a confidence heuristic. *Journal of Behavioral Decision Making* 17, 39–57.

第八章　看似安全的家庭环境

1. **"Medically consulted injury":** National Safety Council. (2016). *Injury facts*. Itasca, IL: NSC.
2. **Multiply those odds:** Here's a "crash" course in probability. To calculate the odds of something happening over a lifetime, many people think that you just multiply the odds of it happening in one year times the number of years you're going to live. No. You have to multiply the odds of it *not* happening each year, times itself, once for each year you're going to live . . . and then subtract that number from 1. The odds of you suffering a medically consulted injury at home, over 79 years, is $1-(1/15 \times 1/15 \times 1/15 \times \ldots \times 1/15)$ or, using an exponent to string together all those 1/15's, $1-(1/15)^{79}$ = 99.57 percent. 99.57 percent isn't really a *chance* of getting hurt . . . it's more like a guarantee. So keep reading.
3. **Kitchen knife injuries:** Smith, G. A. (2013). Knife-related injuries treated in United States emergency departments, 1990–2008. *Journal of Emergency Medicine* 45(3), 315–323.
4. **Other injury statistics:** The National Electronic Injury Surveillance System (NEISS) is a searchable database of a large sample of emergency room records for injuries sustained using consumer products in the United States; it is sponsored by the U.S. Consumer Product Safety Commission. Anyone can do a search at http://www.cpsc.gov/en/Safety-Education/Safety-Guides/General Information/National-Electronic-Injury-Surveillance-System-NEISS/.
5. **Ladder injury statistics:** D'Souza, A. L., Smith, G. A., and Trifiletti, L. B. (2007). Ladder-related injuries treated in emergency departments in the United

States, 1990–2005. *American Journal of Preventative Medicine* 32(5), 413–418.

6. **Church safe robbers:** Story reported in Lee, L. (2004). *100 most dangerous things in everyday life*. East Sussex, UK: Apple Press.
7. **J. J. Gibson and affordances:** Gibson, J. J. (1979). *The ecological approach to visual perception*. Abingdon, UK: Taylor and Francis.
8. **Screwdriver injuries:** National Electronic Injury Surveillance System injury records of 122,756 screwdriver accidents, query done from 1997 to 2010.
9. **Not reading instructions:** Carroll, J. M. (1990). *The Nürnberg funnel: Designing minimalist instruction for practical computer skill*. Cambridge, MA: MIT Press.

第九章　热衷冒险的孩子

1. **4,000 children in the United States:** Most of the statistics in this chapter are drawn from the National Safety Council's annual publication called *Injury Facts*.
2. **"Bare is best":** Keeping Babies Safe, http://keepingbabiessafe.org.
3. **Mechanical suffocation deaths:** Drago, D. A., and Dannenberg, A. L. (1999). Infant mechanical suffocation deaths in the United States, 1980–1997. *Pediatrics* 103(5), e58.
4. **Red Cross pediatric CPR:** Get it at www.redcross.org or directly at goo.gl/0NqEg6.
5. **Infant fall statistics:** Pickett, W., Straight, S., Simpson, K., and Brison, R. J. (2003). Injuries experienced by infant children: A population-based epidemiological analysis. *Pediatrics* 111(4), 365–370.
6. **Propping open stair gates:** Kendrick, D., Zou, K., Ablewhite, J., et al. (2016). Risk and protective factors for falls on stairs in young children: Multicentre case–control study. *Archives of Disease in Childhood* 101(10), 909–916.
7. ***Onion* article:** DelMonico, D. (2015). So help me God, I'm going to eat one of those multicolored detergent pods. *The Onion* 51(49), December 8.
8. **Jumping and riding down stairs:** Zielinski, A. E., Rochette, L. M., and Smith, G. A. (2012). Stair-related injuries to young children treated in US emergency departments. *Pediatrics* 129(4), 721–727.
9. **Kids' fence-climbing ability:** Rabinovich, B. A., Lerner, N. D., and Huey, R. W. (1994). Young children's ability to climb fences. *Human Factors* 36(4), 733–744.
10. **Fourteen-country study:** European Child Safety Alliance. (2001). *Parents' perceptions of child safety: A 14 country study*. Amsterdam: ECSA.
11. **TV set injuries:** Cusimano, M. D., and Parker, N. (2016). Toppled television sets and head injuries in the pediatric population: a framework for prevention. *Journal of Neurosurgery: Pediatrics* 17(1), 3–12.
12. **Poison exposures:** Mowry, J. B., Spyker, D. A., Cantilena, Jr., L. R., McMillan, N, and Ford, M. (2014). 2013 annual report of the American Association of Poison Control Centers' National Poison Data System (NPDS): 31st annual report. *Clinical Toxicology* 52, 1032–1283.
13. **Doors and finger injuries:** Doraiswamy, N. V. (1999). Childhood finger injuries and safeguards. *Injury Prevention* 5, 298–300.

14. **Child in the gorilla enclosure:** Outrage after gorilla killed at Cincinnati Zoo to save child. *CBS News*, June 1, 2016. www.cbsnews.com/news/outrage-after-gorilla-harambe-killed-at-cincinnati-zoo-to-save-child.
15. **iPads and Earth's surface:** Apple's most recent tally of units sold times the area of an iPad, divided by the surface area of the Earth measured in square inches.
16. **Bunk beds:** D'Souza, A. L., Smith, G. A., and McKenzie, L. B. (2008). Bunk bed-related injuries among children and adolescents treated in emergency departments in the United States, 1990–2005. *Pediatrics* 121(6), 1696–1702.
17. **Walking to school:** U.S. Department of Transportation (2009). *Summary of Travel Trends—2009 National Household Travel Survey.* Washington, DC: Federal Highway Administration.

第十章 出行安全

1. **Fatal car crash rates:** Measured in deaths per vehicle mile traveled (VMT), the figure for 1921 was 24.09 deaths and the figure for 2015 was 1.22 deaths.
2. **U.K. bicycle crashes:** Department for Transport. (2014). *Reported road casualties Great Britain: 2013 annual report—Focus on pedal cyclists.* London: Department for Transport.
3. **Pedestrian deaths:** Retting, R., and Rothenberg, H. (2016). *Pedestrian traffic fatalities by state: 2015 preliminary data.* Washington, DC: Governors Highway Safety Association.
4. **Cycling fatalities in 2015:** U.S. Department of Transportation. (2016). *Early estimate of motor vehicle traffic fatalities in 2015.* Washington, DC: National Highway Traffic Safety Administration.
5. **Hurrying and speeding:** Richard, C. M., Campbell, J. L., Lichty, M. G., et al. (2012). *Motivations for speeding, Volume I: Summary report.* Report no. DOT HS 811 658. Washington, DC: National Highway Traffic Safety Administration.
6. **Driver stress:** Hennessy, D. A., and Wiesenthal, D. L. (1999). Traffic congestion, driver stress, and driver aggression. *Aggressive Behavior* 25(6), 409–423.
7. **Autobahn traffic jams:** Nicola, S. (2016). Crumbling German Autobahns leave drivers stuck in traffic jams. *Bloomberg*, March 21. https://www.bloomberg.com/news/articles/2016-03-21/crumbling-german-autobahns-leave-drivers-stuck-in-traffic-jams.
8. **Autobahn speed limits and safety:** European Transport Safety Council. (2008). *2nd Annual PIN Report.* Brussels: ETSC.
9. **Weaving, following crashes:** U.S. Department of Transportation. (2008). *National motor vehicle crash causation survey.* DOT HS 811 059. Washington, DC: National Highway Traffic Safety Administration.
10. **35-mile-per-hour zones:** U.S. Department of Transportation. (2003). *Analysis of pedestrian crashes.* DOT-VNTSC-NHTSA-02-02. Washington, DC: National Highway Traffic Safety Administration.
11. **Speeding and pedestrian fatalities:** Data provided by the American Association of State Highway and Transportation Officials, http://safety.transportation.org/htmlguides/peds/types_of_probs.htm.

12. **Time saved by speeding:** Ellison, A. B., and Greaves, S. P. (2015). Speeding in urban environments: Are the time savings worth the risk? *Accident Analysis and Prevention* 85, 239–247.
13. **Red-light cameras:** Suffolk GOP looks to halt red light camera program, calls for investigation. *CBS New York*, October 6, 2015. http://newyork.cbslocal.com/2015/10/06/suffolk-red-light-camera-investigation.
14. **Stop signs:** Trinkhaus, J. (1997). Stop sign compliance: A fine look. *Perceptual and Motor Skills* 85, 217–218.
15. **Right turns on red:** U.S. Department of Transportation. (1981). The effect of right-turn-on-red on pedestrian and bicyclist accidents. HS-806-182. Washington, DC: National Highway Traffic Safety Administration.
16. **Who waits for Walk signals:** The percentage of people who wait depends on whether there are any cars coming, the length of the signal, the type of signal used, whether the pedestrian is walking or out for a run, and whether the waiting pedestrians have anything to entertain themselves while they wait. Petzold, R. (1977). *Urban intersection improvements for pedestrian safety: final report.* Washington, DC: Federal Highway Administration; Marisamynathan, V. P. (2014). Study on pedestrian crossing behavior at signalized intersections. *Journal of Traffic and Transportation Engineering* 1(2), 103–110; Supernak, J., Verma, V., and Supernak, I. (2013). Pedestrian countdown signals: What impact on safe crossing? *Open Journal of Civil Engineering* 3, 39–45.
17. **Pedestrian collisions:** U.S. Department of Transportation. (2003). *Analysis of pedestrian crashes.* DOT-VNTSC-NHTSA-02-02. Washington, DC: National Highway Traffic Safety Administration.
18. **Turn signal usage rates:** Ponziani, R. (2012) *Turn signal usage rate results: A comprehensive field study of 12,000 observed turning vehicles.* SAE Technical Paper 2012-01-0261. Warrendale, PA: SAE International.
19. ***Multiple threat* crashes:** Data provided by the American Association of State Highway and Transportation Officials, http://safety.transportation.org/html guides/peds/types_of_probs.htm.
20. **Midblock dashes:** U.S. Department of Transportation. (2012). *Review of studies on pedestrian and bicyclist safety, 1991–2007.* DOT HS 811 614. Washington, DC: National Highway Traffic Safety Administration.
21. **Estimated visibility in front of headlights:** Whetsel Borzendowski, S. A., Rosenberg, R., Sewall, A. S., and Tyrrell, R. A. (2013). Pedestrians' estimates of their own nighttime conspicuity are unaffected by severe reductions in headlight illumination. *Journal of Safety Research* 47, 25–30.
22. **Cycle crashes at intersection:** U.S. Department of Transportation. (2015). *Traffic safety facts, 2013 data. Bicyclists and other cyclists.* Washington, DC: National Highway Traffic Safety Administration.
23. **Maintaining a steady speed:** Flynn, M. R., Kasimov, A. R., Nave, J.-C., Rosales, R. R., and Seibold, B. (2009). Self-sustained nonlinear waves in traffic flow. *Physical Review E* 79(5), 056113.
24. **"Two heads are better than one":** Rueda-Domingo, T., Lardelli-Claret, P., Luna-del-Castillo, J. D., et al. (2004). The influence of passengers on the risk of the driver causing a car collision in Spain: Analysis of collisions from 1990 to 1999. *Accident Analysis and Prevention* 36(3), 481–489.

25. **Real-world conversations:** Bergen, B., Medeiros-Ward, N., Wheeler, K., Drews, F., and Strayer, D. (2013). The crosstalk hypothesis: Why language interferes with driving. *Journal of Experimental Psychology: General* 142(1), 119–130.
26. **Emotional conversations:** Dula, C. S., Martin, B. A., Fox, R. T., and Leonard, R. L. (2011). Differing types of cellular phone conversations and dangerous driving. *Accident Analysis and Prevention* 43(1), 187–193.
27. **Phones and driving:** Strayer, D. L., and Johnston, W. A. (2001). Driven to distraction: Dual-task studies of simulated driving and conversing on a cellular telephone. *Psychological Science* 12(6), 462–466.
28. **Distracted teen drivers:** Carney, C., McGehee, D., Harland, K., Weiss, M., and Raby, M. (2015). *Using naturalistic driving data to assess the prevalence of environmental factors and driver behaviors in teen driver crashes.* Washington, DC: AAA Foundation for Traffic Safety.
29. **College students texting and driving:** Harrison, M. A. (2011). College students' prevalence and perceptions of text messaging while driving. *Accident Analysis and Prevention* 43(4), 1516–1520.
30. **Using phones in traffic:** Liang, Y., Horrey, W. J., and Hoffman, J. D. (2015). Reading text while driving. *Human Factors* 57(2), 347–359.
31. **Distracted-driving fatalities:** U.S. Department of Transportation. (2015). *Distracted driving 2013.* DOT HS 812 132. Washington, DC: National Highway Traffic Safety Administration.
32. **Distracted walking:** Schwebel, D. C., Stavrinos, D., Byington, K. W., Davis, T., O'Neal, E. E., and de Jong, D. (2012). Distraction and pedestrian safety: How talking on the phone, texting, and listening to music impact crossing the street. *Accident Analysis and Prevention* 45, 266–271.
33. **Distracted walking matches distracted driving:** Nasar, J. L., and Troyer, D. (2013). Pedestrian injuries due to mobile phone use in public places. *Accident Analysis and Prevention* 57, 91–95; Nasar, J. L., Hecht, P., and Wener, R. (2008). Mobile telephones, distracted attention, and pedestrian safety. *Accident Analysis and Prevention* 40(1), 69–75.
34. **Plugged ears:** Lichenstein, R., Smith, D. C., Ambrose, J. L., and Moody, L. A. (2012). Headphone use and pedestrian injury and death in the United States: 2004–2011. *Injury Prevention* 18, 287–290.
35. **False sense of security:** Fitzpatrick, K., Turner, S., Brewer, M., et al. (2006). *Improving pedestrian safety at unsignalized crossings.* Contractor's final report. March 2006. Washington, DC: Transportation Research Board of the National Academies.
36. **Fatal SWD crash:** Chalin, M. (2012). "Sex while driving" sends Minn. man to prison for fatal crash. *CBS News*, December 11. http://www.cbsnews.com/news/sex-while-driving-sends-minn-man-to-prison-for-fatal-crash.
37. **Sex-while-driving study:** Struckman-Johnson, C., Gaster, S., and Struckman-Johnson, D. (2014). A preliminary study of sexual activity as a distraction for young drivers. *Accident Analysis and Prevention* 71, 120–128.
38. **Konnikova story:** Konnikova, M. (2015). Cars vs. bikes vs. pedestrians. *New Yorker*, November 5.
39. **Anger stays inside you:** Bushman, B. J. (2002). Does venting anger feed or ex-

tinguish the flame? Catharsis, rumination, distraction, anger, and aggressive responding. *Personality and Social Psychology Bulletin* 28(6), 724–731.
40. **Bicycle helmets and drivers:** Walker, I., Garrard, I., and Jowitt, F. (2014). The influence of a bicycle commuter's appearance on drivers' overtaking proximities: An on-road test of bicyclist stereotypes, high-visibility clothing and safety aids in the United Kingdom. *Accident Analysis and Prevention* 64, 69–77.
41. **Invisible helmet:** The company is Hövding and their website is www.hovding.com.
42. **Bicycle helmets and risk taking:** Gamble, T., and Walker, I. (2016). Wearing a bicycle helmet can increase risk taking and sensation seeking in adults. *Psychological Science* 27(2), 289–294.
43. **"Backover" crashes:** Austin, R. (2008). *Fatalities and injuries in motor vehicle backing crashes: Report to Congress*. Washington, DC: National Highway Traffic Safety Administration.
44. **Child passenger fatalities:** Centers for Disease Control and Prevention: National Center for Injury Prevention and Control. Web-based Injury Statistics Query and Reporting System (WISQARS). http://www.cdc.gob/injury/wisqars.
45. **Child safety seat noncompliance:** U.S. Department of Transportation. (2014). Traffic Safety Facts: 2012 Data. Washington, DC: National Highway Traffic Safety Administration. Washington, DC. See also crashstats.nhtsa.dot.gov.
46. **Child safety seats not installed correctly:** Safe Kids USA. (2011). A look inside American family vehicles: National study of 79,000 car seats, 2009–2011. www.safekids.org.
47. **Safest seat in car:** Mayrose, J., and Priya, A. (2008). The safest seat: effect of seating position on occupant mortality. *Journal of Safety Research* 39(4), 433–436.
48. **Heat inside cars:** McLaren, C., Null, J., and Quinn, J. (2005). Heat stress from enclosed vehicles: Moderate ambient temperatures cause significant temperature rise in enclosed vehicles. *Pediatrics* 116(1).
49. **Weingarten story:** Weingarten, G. (2009). Fatal distraction: forgetting a child in the backseat of a care is a horrifying mistake. Is it a crime? *The Washington Post*, March 8. https://www.washingtonpost.com/lifestyle/magazine/fatal-distraction-forgetting-a-child-in-thebackseat-of-a-car-is-a-horrifying-mistake-is-it-a-crime/2014/06/16/8ae0fe3a-f580-11e3-a3a5-42be35962a52_story.html.
50. **Teens with teens in car:** Gardner, M., and Steinberg, L. (2005). Peer influence on risk taking, risk preference, and risky decision making in adolescence and adulthood: An experimental study. *Developmental Psychology* 41(4), 625–635.
51. **Teen seat belt usage:** Reported by Safe Kids Worldwide at www.safekids.org.
52. **Crashes while turning left at intersections:** University of Michigan Transportation Research Institute. (2010). *National motor vehicle crash causation survey*. Ann Arbor, Michigan: UMTRI.
53. **Seat belts in backseat:** Zhu, M., Cummings, P., Chu, H., and Cook, L. J. (2007). Association of rear seat safety belt use with death in a traffic crash: a matched cohort study. *Injury Prevention* 13, 183–185.
54. **Drunk-driving crashes:** U.S. Department of Transportation. (2016). *Traffic Safety Facts 2014*. Washington, DC: National Highway Traffic Safety Administration.

55. **Frequent binge drinkers:** Wechsler, H., and Wuethrich, B. (2002). *Dying to drink: Confronting binge drinking on college campuses*. Emmaus, PA: Rodale Books.
56. **Wrong-way driving:** National Transportation Safety Board. (2012). *Wrong-Way Driving. Special Investigative Report*. NTSB/SIR-12/01. Washington, DC: NTSB.
57. **Free drinks study:** Tyszka, T., Macko, A., and Stańczak, M. (2015). Alcohol reduces aversion to ambiguity. *Frontiers in Psychology* 5, 1578.
58. **Effect of drink specials:** This is a well-researched topic: Thombs, D. L., O'Mara, R., Dodd, V. J., et al. (2009). A field study of bar-sponsored drink specials and their associations with patron intoxication. *Journal of Studies on Alcohol and Drugs* 70(2), 206–214; O'Mara, R. J., Thombs, D. L., Wagenaar, A. C., et al. (2009). Alcohol price and intoxication in college bars. *Alcoholism: Clinical and Experimental Research* 33(11), 1973–1980; Thombs, D. L., Dodd, V., Pokorny, S. B., et al. (2008). Drink specials and the intoxication levels of patrons exiting college bars. *American Journal of Health Behavior* 32(4), 411–419.
59. **Premeditated drunk drive:** McKnight, A. J., Langston, E. A., McKnight, A. S., Resnick, l. A., and Lange, J. E. (1995). *Why people drink and drive: The bases of drinking-and-driving decisions*. DOT-HS-808-251. Washington, DC: National Highway Traffic Safety Administration.
60. **Drunk-driving incidence:** Jewett, A., Shults, R. A., Banerjee, T., and Bergen, G. (2015). *Alcohol-impaired driving among adults—United States, 2012*. Washington, DC: Centers for Disease Control and Prevention.
61. **DUI arrests:** *Crime in the United States: 2014*. Washington, DC: Federal Bureau of Investigation.
62. **Drowsy-driving crashes:** Teft, B. (2014). *Prevalence of motor vehicle crashes involving drowsy drivers, United States, 2009–2013*. Washington, DC: AAA Foundation of Traffic Safety.
63. **Testicles and sleep:** Jensen, T. K., Andersson, A.-M., Skakkebaek, N. E., et al. (2013). Association of sleep disturbances with reduced semen quality: A cross-sectional study among 953 healthy young Danish men. *American Journal of Epidemiology* 177(10), 1027–1037.
64. **83 percent of trips in a personal vehicle:** U.S. Department of Transportation. (2009). *National household travel survey*. Washington, DC: National Highway Traffic Safety Administration.
65. **Number of daily steps:** Bassett, Jr., D. R., Wyatt, H. R., Thompson, H., et al. (2010). Pedometer-measured physical activity and health behaviors in U.S. adults. *Medicine and Science in Sports and Exercise* 42(10), 1819–1825.
66. **How many ride bicycles:** Breakaway Research Group. (2015). *U.S. bicycling participation benchmarking study report*. Boulder, CO: PeopleForBikes.
67. **Air pollution deaths:** World Health Organization. (2014). *Ambient (outdoor) air quality and health*. Fact Sheet no. 313. Washington, DC: WHO.
68. **Mathematical model of effects of cycling:** De Hartog, J. J., Boogaard, H., Nijland, H., and Hoek, G. (2010). Do the health benefits of cycling outweigh the risks? *Environmental Health Perspectives* 118(8), 1109–1116.
69. **Vacations increase longevity:** Gump, B. B., and Matthews, K. A. (2000). Are

vacations good for your health? The 9-year mortality experience after the multiple risk factor intervention trial. *Psychosomatic Medicine* 62, 608–612.

第十一章 工作安全

1. **Unintentional injury fatalities:** National Safety Council. (2015). *Injury facts 2015*. Ithaca, IL: NSC.
2. **Where we work:** U.S. Department of Labor. (2016). *The employment situation—June 2016*. Washington, DC: Bureau of Labor Statistics.
3. **Base rate for unintentional injury:** National Safety Council. (2016). *Injury facts 2016*. Ithaca, IL: NSC.
4. **Job fatality rates:** U.S. Department of Labor. (2015). *National census of fatal occupational injuries in 2014*. Washington, DC: Bureau of Labor Statistics; U.S. Fire Statistics, U.S. Fire Administration.
5. **Cost of workplace injuries:** National Safety Council. (2016). *Injury facts 2016*. Ithaca, IL: NSC.
6. **Airplane crash report:** National Transportation Safety Board. (2015). *Runway overrun during rejected takeoff, Gulfstream Aerospace Corporation G-IV, N121JM. Accident Report NTSB/AAR-15/03*. Washington, DC: NTSB.
7. **Complacency:** *New Oxford American Dictionary, 3rd ed*. Oxford: Oxford University Press.
8. **Errors in reading a gauge:** Dhillon, B. S. (1986). *Human reliability: With human factors*. New York: Pergamon Press.
9. **Errors in typing:** Soukoreff, R. W., and MacKenzie, I. S. (2003). Metrics for text entry research: An evaluation of MSD and KSPC, and a new unified error metric. *Proceedings of the ACM Conference on Human Factors in Computing Systems*, 113–120.
10. **Errors in dialing a phone number:** Pollard, D., and Cooper, M. B. (1978). An extended comparison of telephone keying and dialing performance. *Ergonomics* 21(12), 1027–1034.
11. **Errors in a nuclear power plant:** Swain, A. D., and Guttman, H. E. (1983). *Handbook of human reliability analysis with emphasis on nuclear power plant applications*. NUREG/CR-1278. Washington, DC: U.S. Nuclear Regulatory Commission.
12. **Airline crash rates:** National Transportation Safety Board. *U.S. civil aviation accident statistics*. Washington, DC: NTSB.
13. **Aviation safety culture:** Hutchins, E. L., Holder, B. E., and Pérez, R. A. (2002). *Culture and flight deck operations*. Sponsored Research Agreement 22-5003. San Diego: University of California, San Diego.
14. **Workplace subcultures:** Trice, H. M. (1993). *Occupational subcultures in the workplace*. Ithaca, NY: Cornell University Press.
15. **Contracted worker fatalities:** Kolosh, K. (2016). The real risks are all around us. *Safety First: Blog of the National Safety Council*. www.nsc.org/safety-first/Lists/Posts/Post.aspx?ID=104.
16. **TV set injuries:** National Electronic Injury Surveillance System (NEISS) search at http://www.cpsc.gov/en/Research—Statistics/NEISS-Injury-Data/.

第十二章　突发事件和自然灾害

1. **Disaster preparedness statistics:** Federal Emergency Management Agency. (2014). Preparedness in America: Research insights to increase individual, organizational, and community action. Washington, DC: FEMA.
2. **Family fire safety plans:** Survey conducted by the American Red Cross in 2014. Data graphic can be found at http://www.redcross.org/images/MEDIA_CustomProductCatalog/m39740204_Home_Fires_Polling_Infographic.pdf.
3. **Odds of a home fire:** National Fire Protection Association. (2009). *A few facts at the household level*. Quincy, MA: NFPA.
4. **Causes of home fires:** National Fire Protection Association. (2016). *An overview of the U.S. fire problem*. Quincy, MA: NFPA.
5. **Heat and cold:** Berko, J., Ingram, D. D., Saha, S., and Parker, J. D. (2014). *Deaths attributed to heat, cold, and other weather events in the United States, 2006–2010*. National Health Statistics Reports, no. 76. Hyattsville, MD: National Center for Health Statistics.
6. **Floodplain residents survey:** Kates, R. W. (1962). *Hazard and choice perception in flood plain management*. Research Paper no. 78. Chicago: University of Chicago. Reported in Slovic, P. (2000). *The perception of risk*. London: Earthscan.
7. ***Time* magazine survey:** Ripley, A. (2006). Floods, tornadoes, hurricanes, wildfires, earthquakes . . . why we don't prepare. *Time*, August 20.
8. **Harvard study:** Ripley, A. (2008). *The unthinkable: Who survives when disaster strikes and why*. New York: Crown.
9. **FEMA budget woes:** Stone, D., and Colarusso, L. (2011). FEMA's budget disaster. *Daily Beast*. August 27. http://www.thedailybeast.com/articles/2011/08/27/fema-s-disaster-budget-becomes-political-issue.html.
10. **Preparing for natural disasters helps:** U.S. Department of Homeland Security. (2013). *Personal preparedness in America: Findings from the 2012 FEMA national survey*. Washington, DC: Federal Emergency Management Agency.
11. **Smoke detectors:** Runyan, C. W., Johnson, R. M., Yang, J., et al. (2005). Risk and protective factors for fires, burns, and carbon monoxide poisoning in U.S. households. *American Journal of Preventative Medicine* 28(1), 102–108.
12. **Passive risk:** Keinan, R., and Bereby-Meyer, Y. (2012). "Leaving it to chance"—Passive risk taking in everyday life. *Judgment and Decision Making* 7(6), 705–715.
13. **The Oh Shit study:** Casner, S. M., Geven, R. W., and Williams, K. T. (2013). The effectiveness of airline pilot training for abnormal events. *Human Factors* 55(3), 477–485.
14. **Earthquake and tornado tests:** U.S. Department of Homeland Security. (2013). *Personal preparedness in America: Findings from the 2012 FEMA national survey*. Washington, DC: Federal Emergency Management Agency.
15. **Fear of tornadoes:** Lichtenstein, S., Slovic, P., Fischoff, B., Layman, M., and Combs, B. (1978). Judged frequency of lethal events. *Journal of Experimental Psychology: Human Learning and Memory* 4, 551–578.
16. **The CDC's zombie website:** Kruvand, M., and Silver, M. (2013). Zombies gone viral: How a fictional zombie invasion helped CDC promote emergency preparedness. *Case Studies in Strategic Communication*, 2, 34–60.

17. **Discussing disaster preparedness:** U.S. Department of Homeland Security. (2014). *Preparedness in America: Research insights to increase individual, organizational, community action*. Washington, DC: Federal Emergency Management Agency.
18. **Don't rely on disaster movies:** Geologist Rick Wilson reviews the movie *Earthquake* (1974) on the California Department of Conservation website at http://www.conservation.ca.gov/cgs/EarthquakeDOC/EQ-Movie_Reviews/Pages/earthquake!-(1974).aspx.

第十三章 医疗风险

1. ***Medication nonadherence*:** Peterson, A. M., Takiya, L., and Finley, R. (2003). Meta-analysis of trials of interventions to improve medication adherence. *American Journal of Health-System Pharmacy* 60, 657–665.
2. **Death by medical error:** Makary, M., and Daniel, M. (2016). Medical error—the third leading cause of death in the U.S. *British Medical Journal* 353, i2139.
3. **Educated medical consumers:** Adams, R. J. (2010). Improving health outcomes with better patient understanding and education. *Risk Management and Healthcare Policy* 3, 61–72.
4. **Unfilled prescriptions:** Fischer, M. A., Stedman, M. R., Lii, J., et al. (2010). Primary medication non-adherence: Analysis of 195,930 electronic prescriptions. *Journal of General Internal Medicine* 25(4), 284–290.
5. **Nonadherence with free medications:** Choudhry N. K., Avorn J., Glynn R. J., et al. (2011). Full coverage of preventive medications after myocardial infarction. *New England Journal of Medicine* 365, 2088–2097.
6. **Nonadherence with discharge medications:** Jackevicius, C. A., Li, P., and Tu, J. V. (2008). Prevalence, predictors, and outcomes of primary nonadherence after acute myocardial infarction. *Circulation* 117(8), 1028–1036.
7. **Kaiser Permanente study:** Raebel M. A., Ellis J. L., Carroll, N. M., et al. Characteristics of patients with primary nonadherence to medications for hypertension, diabetes, and lipid disorders. *Journal of General Internal Medicine* 27(1), 57–64.
8. **Blood pressure knowledge:** Alexander, M., Gordon, N. P., Davis, C. C., and Chen, R. S. (2003). Patient knowledge and awareness of hypertension is suboptimal: Results from a large health maintenance organization. *Journal of Clinical Hypertension* 5(4), 254–260.
9. **"Actual Causes of Death":** Mokdad, A. H., Marks, J. S., Stroup, D. F., and Gerberding, J. L. (2000). Actual causes of death in the United States, 2000. *Journal of American Medical Association* 291(10), 1238–1245.
10. **Patients delay or avoid medical care:** Taber, J. M., Leyva, B., and Persoskie, A. (2015). Why do people avoid medical care: A qualitative study using national data. *Journal of General Internal Medicine* 30(3), 290–97.
11. ***Health literacy*:** Adams, R. J. (2010). Improving health outcomes with better patient understanding and education. *Risk Management and Healthcare Policy* 3, 61–70.

12. **Overall wellness:** Rudd, R., Epstein Anderson, J., Oppenheimer, S., and Nath, C. (2007). *In review of adult learning and literacy*. Vol. 7. Mahwah, NJ: Erlbaum.

13. **Preventive versus emergency services:** Baker, D. W., Gazmararian, J. A., Williams, M. V., et al. (2002). Functional health literacy and the risk of hospital admission among Medicare managed care enrollees. *American Journal of Public Health* 92(8), 1278–1283.

14. **Visit times:** Shaw, M. K., Davis, S. A., Fleischer, A. B., and Feldman, S. R. (2014). The duration of office visits in the United States, 1993 to 2010. *American Journal of Managed Care*, October 16.

15. **Number of questions asked:** Roter, D. L. (1984). Patient question asking in physician-patient interaction. *Health Psychology* 3(5), 395–409.

16. **Internet usage:** Cohen, R. A., and Adams, P. F. (2011). *Use of the Internet for health information: United States, 2009*. NCHS Data Brief no. 66. Washington, DC: U.S. Department of Health and Human Services, National Center for Health Statistics.

17. **Inflammatory bowel disease:** Promislow, S., Walker, J. R., Taheri, M., and Bernstein, C. N. (2010). How well does the Internet answer patients' questions about inflammatory bowel disease? *Canadian Journal of Gastroenterology* 24(11), 671–677.

18. **What gets read online and talked about in the doctor's office:** Maloney, E. K., D'Agostino, T. A., Heerdt, A., et al. (2015). Sources and types of online information that breast cancer patients read and discuss with their doctors. *Palliative Support Care* 13(2), 107–114.

19. **Patients using other sources:** Both survey studies are described in Chesanow, N. (2014). Why are so many patients noncompliant? *MedScape*. http://www.esculape.com/2014/Why-Are-So-Many-Patients-Noncompliant.pdf.

20. **"Same as" or "better than":** Diaz, J. A., Griffith, R. A., Ng, J. J., et al. (2002). Patients' use of the Internet for medical information. *Journal of General Internal Medicine* 17(3), 180–185.

21. ***Cyberchondria:*** White, R., and Horvitz, E. (2008). Cyberchondria: Studies of the escalation of medical concerns in web search. *ACM Transactions on Information Systems*, 27(4), article 23.

22. **Airline pilots and OTC medications:** Casner, S. M., and Neville, E. C. (2010). Airline pilots' knowledge and beliefs about over-the-counter medications. *Aviation, Space, and Environmental Medicine* 81(2), 112–119.

23. **Health literacy taught in schools:** Kindig, D. (2004). *Health literacy: A prescription to end confusion*. Washington, DC: National Academies Press.

24. **Cost of medical nonadherence:** Viswanathan, M., Golin, C. E., Jones, C. D., et al. (2012). Interventions to improve adherence to self-administered medications for chronic diseases in the United States: A systematic review. *Annals of Internal Medicine* 157(11), 785–795.

25. ***Medication Errors:*** Cohen, M. R. (2006). *Medication errors*, 2nd ed. Washington, DC: American Pharmacists Association.

26. ***Dispensing errors:*** Flynn, E. A., Barker, K. N., and Carnahan, B. J. (2003).

National observational study of prescription dispensing accuracy and safety in 50 pharmacies. *Journal of the American Pharmacists Association* 43, 191–200.

27. **One error per day:** Reported in Aspden, P., Wolcott, J., Bootman, J. L., and Cronenwett, L. R. (eds.) (2007). *Preventing medication errors.* Washington, DC: National Academies Press.
28. **Malpractice suits:** National Practitioner Data Bank, www.npdb.hrsa.gov.
29. **Reducing handoff errors:** Starmer, A. J., Spector, N. D., Srivastava, R., et al. (2014). Changes in medical errors after implementation of a handoff program. *New England Journal of Medicine* 371(19), 1803–1812.
30. **Physician quality metrics:** Dassow, P. L. (2007). Measuring performance in primary care: What patient outcome indicators do physicians value? *Journal of the American Board of Family Medicine* 20(1), 1–8.
31. **Kaiser study:** *2008 update on consumers' views of patient safety and quality information.* Kaiser Family Foundation, October 2008. https://kaiserfamilyfoundation.files.wordpress.com/2013/01/7819.pdf.
32. **Nurse-to-patient ratio:** Aiken, L. H., Sloane, D. M., Cimiotti, J. P., et al. (2010). Implications of the California nurse staffing mandate for other states. *Health Services Research* 45(4), 904–921.
33. **Nurse practitioners:** Stank-Hutt, J., Newhouse, R. P., White, K. M., et al. (2013). The quality and effectiveness of care provided by nurse practitioners. *Journal for Nurse Practitioners* 9(8), 492–500.
34. **How often surgery is performed:** Birkmeyer, J. D., Stukel, T. A., Siewers, A. E., et al. (2003). Surgical volume and operative mortality in the United States. *New England Journal of Medicine* 349(22), 2117–2127.
35. **Average number of doctor visits:** Centers for Disease Control and Prevention. (2012). *National ambulatory medical care survey: 2012 state and national summary tables.* Washington, DC: CDC.

第十四章　老年生活的挑战

1. **Longevity:** Centers for Disease Control and Prevention. *National Vital Statistics Reports and Vital Statistics of the U.S.* Washington, DC: CDC.
2. **Future longevity:** Olshansky, S. J., Goldman, D. P., Zheng, Y, and Rowe, J. W. (2009). Aging in America in the twenty-first century: Demographic forecasts from the MacArthur Foundation Research Network on an Aging Society. *Milbank Quarterly* 87(4), 842–862.
3. **Drivers age sixty-four to seventy-five:** *Injury Facts 2016.* National Safety Council.
4. **Choking:** *Injury Facts 2016.* National Safety Council.
5. **Aging anxiety:** Lasher, K. P., and Faulkender, P. J. (1993). Measurement of aging anxiety: Development of the anxiety about aging scale. *International Journal of Aging and Human Development* 37(4), 247–259.
6. **Fear of aging:** Smith, A., Bodell, L. P., Holm-Denoma, J. M., et al. (2016). "I don't want to grow up, I'm a [Gen X, Y, Me] kid": Increasing maturity

fears across the decades. *International Journal of Behavioral Development*, June 21.

7. **Geriatric-nursing textbook:** Wold, G. H. (2012). *Basic geriatric nursing, 5th ed*. St. Louis, MO: Elsevier.
8. ***Episodic memory* decline:** Nilsson, L.-G., Adolfsson, R., Bäckman, L., et al. (2002). Memory development in adulthood and old age: The Betula prospective-cohort study. In P. Graf and N. Ohta (eds.), *Lifespan development of human memory*, 185–204. Cambridge, MA: MIT Press.
9. **Memory for falls:** Cummings, S. R., Nevitt, M. C., and Kidd, S. (1988). Forgetting falls: The limited accuracy of recall of falls in the elderly. *Journal of the American Geriatrics Society* 36(7), 613–616.
10. **Four doctors, two pharmacies:** Choudhry, H. K., Fischer, M. A., Avorn, J., et al. (2011). The implications of therapeutic complexity on adherence to cardiovascular medications. *Archives of Internal Medicine* 171, 814–822.
11. **Attention and aging:** Schultz, R. (2006). *The encyclopedia of aging, 4th ed.* New York: Springer.
12. **Pets and falling:** Stevens, J. A., Teh, S. L., and Haileyesus, T. (2010). Dogs and cats as environmental fall hazards. *Journal of Safety Research* 41(1), 69–73.
13. **Risk assessment and aging:** Finn, P., and Bragg, B. W. E. (1986). Perception of the risk of an accident by young and older drivers. *Accident Analysis and Prevention* 18(4), 289–298.
14. **Less susceptible to falling:** Braun, B. L. (1998). Knowledge and perception of fall-related risk factors and fall-reduction techniques among community-dwelling elderly individuals. *Physical Therapy* 78(12), 1262–1276.
15. **Effects of aging aren't that bad:** Salthouse, T. A. (2004). What and when of cognitive aging. *Current Directions in Psychological Science* 13(4), 140–144.
16. **Cognitive treadmills:** Carmi Schooler's doubts about the efficacy of brain training programs are confirmed by a recent study headed by Dan Simons at the University of Illinois. Simons, D. J., Boot, W. R., Charness, N., et al. (2016). Do "brain training" programs work? *Psychological Science in the Public Interest* 17(3), 103–186.
17. **Falls data:** *Injury Facts 2016*. National Safety Council.
18. **Effect of exercise programs:** El-Khoury, F., Cassou, B., Charles, M.-A., and Dargent-Molina, P. (2013). The effect of fall prevention exercise programmes on fall induced injuries in community dwelling older adults: systematic review and meta-analysis of randomised controlled trials. *British Medical Journal* 347, f6234.
19. **Hip injuries:** Fuller, G. F. (2000). Falls in the elderly. *American Family Physician* 61(7), 21592168.
20. **Fall-proofing homes:** National Safety Council. *Slip, trip and fall prevention will keep older adults safe and independent.* http://www.nsc.org/learn/safety-knowledge/Pages/safety-at-home-falls.aspx.
21. **NSC website:** Ibid.
22. **Calling your mother:** CBS News asks: How often should you call your mother? *CBS News*. May 8, 2016. http://www.cbsnews.com/news/cbs-news-asks-how-often-should-you-call-your-mother/.

第十五章 我们真的能更安全吗?

1. **Safe Driving Day:** Weingroff, R. F. (2003). *President Dwight D. Eisenhower and the federal role in highway safety.* Washington, DC: Federal Highway Administration. https://www.fhwa.dot.gov/infrastructure/safety.cfm.
2. **PSAs:** Robson, L., Stephenson, C., and Schulte, P. (2010). *A systematic review of the effectiveness of training and education for the protection of workers.* Centers for Disease Control and Prevention, National Institute for Occupational Safety and Health.
3. **One-off commitments:** Wakefield, M. A., Loken, B., and Hornik, R. C. (2010). Use of mass media campaigns to change health behavior. *The Lancet* 376(9748), 1261–1271.
4. **Peak effect period:** Mullins, R., Wakefield, M., and Broun, K. (2008). Encouraging the right women to attend for cervical cancer screening: Results from a targeted television campaign in Victoria, Australia. *Health Education Research* 23(3), 477–486.
5. **Passenger retention of flight attendant announcements:** Molesworth, B. R. C. (2014). Examining the effectiveness of pre-flight cabin safety announcements in commercial aviation. *International Journal of Aviation Psychology* 24(4), 300–314.
6. **2 percent don't wear airplane seat belts:** Girasek, D. C., and Olsen, C. H. (2007). Usual seat belt practices reported by airline passengers surveyed in gate areas of a U.S. airport. *Aviation, Space, and Environmental Medicine* 78(11), 1050–1054.
7. **No seat belts in San Francisco crash:** National Transportation Safety Board. (2014). *Descent below visual glidepath and impact with seawall.* Accident Report. NTSB/AAR-14/01. Washington, DC: NTSB.
8. **Pamphlet effectiveness:** Jamison, J. R. (2004). Prescribing wellness: A case study exploring the use of health information brochures. *Journal of Manipulative and Physiological Therapeutics* 27(4), 262–266.
9. **"Fear Appeal Theory":** Williams, K. C. (2012). Fear appeal theory. *Research in Business and Economics Journal* 5, 63–82.
10. **Stricter drunk-driving laws:** National Highway Traffic Safety Administration. (2008). *Statistical analysis of alcohol-related driving trends, 1982–2005.* Washington, DC: NHTSA.
11. **Washington state fees and usage rates:** Occupant protection: seatbelts, booster seats and car seats. http://www.kingcounty.gov/depts/health/violence-injury-prevention/traffic-safety/occupant-protection.aspx.
12. **Missouri fines:** Governors Highway Safety Association. September 2016. Seat belt laws. http://www.ghsa.org/html/stateinfo/laws/seatbelt_laws.html.
13. **Missouri usage:** Federal Highway Administration, Missouri Division. Safety belt statistics. https://www.fhwa.dot.gov/modiv/programs/safety/belt.cfm.
14. **Perceived risk of being ticketed:** Chaudhary, N. K., Solomon, M. G., and Cosgrove, L. A. (2004). The relationship between perceived risk of being ticketed and self-reported seat belt use. *Journal of Safety Research* 35(4), 383–390.
15. **Texting laws:** Burger, N. E., Kaffine, D. T., and Yu, B. (2014). Did California's hand-held cell phone ban reduce accidents? *Transportation Research Part A: Policy and Practice* 66, 162–172.

16. **New Year's resolutions study:** Norcross, J. C., and Vangarelli, D. J. (1989). The resolution solution: Longitudinal examination of New Year's change attempts. *Journal of Substance Abuse* 1, 127–134.
17. **"Please watch my things":** Moriarty, T. (1975). Crime, commitment, and the responsive bystander. *Journal of Personality and Social Psychology* 31, 370–376.
18. **Frequency of insurance claims:** Taylor, C. (2012). Google's driverless car is now safer than the average driver. *Mashable*, August 7. www.mashable.com/2012/08/07/google-driverless-cars-safer-than-you/#92.FGDUb9gqj.